ゼロから学ぶ

Flutter
アプリ開発

Flutter
Development
textbook
for beginners

藤川 慶 （kboy）［著］
Kei Fujikawa

技術評論社

はじめに

ℬ 執筆の経緯

筆者の藤川慶（ニックネームは kboy）は、2020年4月から「Flutter大学」という YouTube チャンネル[*1] およびオンラインコミュニティ[*2] を始め、これまでインターネットを中心に Flutter を使ったアプリ開発の情報を発信してきました。YouTube チャンネルは登録者1.3万人を超え（2023年12月現在）、多くの日本人を Flutter に入門させてきた自負があります。

しかし、その一方で、YouTube だけではリーチできる層に限界も感じていました。どんなに YouTube の登録者が増えても、まず本を買ってから勉強を始める方が大多数いることがわかったからです。

本書は、書籍ならではのよさである、まとまった情報であること、復習がしやすいこと、手触り感があることを存分に活かした1冊になっています。

加えて、アプリ開発およびプログラミング学習には、ぜひ「Flutter大学」の動画も活用してください。その理由は、IT分野はトレンドの移り変わりが早く、そして実際に動いている動画のほうが単純に真似しやすいからです。

本書は、YouTube などのインターネットを使った学習への橋渡しの役割を担い、最終的には、動画を使った学習に進んでほしいと考えています。YouTube チャンネル「Flutter大学」でお待ちしております。

ℬ 対象読者

スマホアプリを作りたいと思っている、**完全プログラミング初心者**を含む、すべてのひと

ℬ 本書の読み方

第1章では、アプリ開発や Flutter に関する解説を行います。この章は PC がなくても読めますが、第2章の途中から PC を持っていることを前提に環境構築を行います。現在 PC を持ってない方は、2.1「必要な PC」を読んで、PC を買ってから、それ以降を読み進めてもらえればと思います。

＊1　https://www.youtube.com/@flutteruniv
＊2　https://flutteruniv.com/

第3章以降からは、基本的に**前から順番に読むこと**を想定して作りました。

　一般的に、Flutterで画面を作る第3章とDartプログラミングの基礎を解説する第4章が逆になっている入門書のほうが多いかもしれません。本書ではあえて、アプリを作り始めたあとに、プログラミングの基礎を学ぶ構成としています。理由は、そのほうがプログラミングの基礎の必要性を意識しやすいと考えているからです。「必要な時に必要なものを学んでいこう」というのが本書のコンセプトの1つです。

　ぜひ、本書でFlutterアプリ開発のスタートを踏み出しましょう。

CONTENTS

第 3 章　Flutterで画面を作ってみよう　67

第 **4** 章　Dartをとおしてプログラミングの基礎を 153 習得しよう

アプリを開発したい
すべての人へ

アプリ開発に難しいイメージを持っている方もいるか
もしれませんが、意外に簡単です。まず、アプリ開発
のイメージを共有し、「私にもできそう！」と思って
もらいたいと思います。

1.1 アプリ開発とは

図1.1 今やほとんどの人がスマートフォンを持って生活している

　アプリ開発とは、スマートフォンやタブレット、パソコンなどのデバイスで動作するソフトウェアの開発を指します。

　基本的に「アプリ」というと、iPhoneやAndroidのアプリを指すことが多いですが、実際にはWebで動くX（旧Twitter）などもアプリと呼びます。iPhoneやAndroidのアプリと分けてWebアプリということが多いです。一方で、iPhoneやAndroidのアプリのことを**ネイティブアプリ**と呼びます。その流れでiPhoneやAndroidのアプリのエンジニアのことを**ネイティブアプリエンジニア**と呼ぶことも多いですね。

　筆者のスマートフォンアプリエンジニアのキャリアは、2015年に早稲田大学の創造理工学部を卒業したあと、グーネットを運営する株式会社プロトコーポレーションに入社し、バイクパーツに特化したフリマアプリの開発に携わったところからスタートしました。そのあと、ニュースアプリを開発する株式会社JX通信社、ARアプリを開発するGraffity株式会社を渡り歩き、フリーランスのネイティブエンジニア時代も経て、Flutter大学を運営する株式会社KBOYを経営しながら、自らもアプリ開発を行うというのが筆者の現在の状況です。

　一言にアプリといってもイメージはさまざまです。アプリといってゲームを想像する人もいれば、ニュースアプリやSNSなどのツール系アプリを想像する人もいると思います。

　まさに、アプリ開発は大きく分けてこの**ゲーム系**と**ツール系**の2つのカテゴリがあります。使う技術も微妙にちがったり、技術が同じでも、アプリの企画の仕方、設計の仕方が大きく異なり

ます。この2つでいうと、筆者は後者のツール系のアプリ開発をメインとして行ってきました。3社目のGraffityのときは、ARシューティングバトルゲーム「ペチャバト」を作りましたが、このアプリもゲーム画面自体は全体の3割くらいで、マイページやランキング画面、ユーザー作成に関する画面は、このツール系アプリで培った経験で作っています。

　ゲームプレイ中の画面はゲームエンジニアとしての感覚が重要ですが、ユーザー作成、マイページ、ランキングなどの機能は、ニュースアプリやSNSなどのツール系アプリの開発のジャンルかなと思います[1]。

1.2 仕事としてのアプリ開発

　2007年に初代iPhoneが発売され、2008年にApp StoreとAndroid Market（今のGoogle Playストア）が作られ、その後、**スマートフォンアプリエンジニア**という職業が誕生しました。もともとは、個人のアプリ開発者が、各々のマーケットに自分の作ったアプリをリリースし、有料にすることで、収益を得るというスタイルが主流でした。その後、アプリに広告を含めたり、アプリ内課金、サブスクリプションなどの機能が登場し、アプリ開発により収益を得る方法が多角化していきました。また、スマートフォンの一般普及により、企業もビ

図1.2　アプリ開発を仕事にする

ジネスチャンスとしてアプリ開発に目をつけ、企業がアプリエンジニアを雇い、企業からアプリを出すことで、1つのアプリだけで社員何千人を抱えるような規模になる企業も現れました。

　2023年の現在、スマートフォンアプリエンジニアは完全に1つの職業として確立し、日本で年収1,000万以上をとっている人も少なくありません。また、フリーランスとして多くの企業に対し、アプリ開発技術を提供する人もいます。

　仕事としてのアプリ開発の魅力は次の3つです。

- **自分の作ったアプリが多くの人に使ってもらえる可能性を秘めていること**
- **パソコンさえあればどこでも働けること**
- **高給な職業であること**

---

[1]　もちろんゲームエンジニアもこれらの画面を作りますが、設計の仕方や開発中に使う脳としてはちがうという話です。

図1.3 アプリ開発の魅力

多くの人に
使ってもらえるかも　　　　　　　　　どこでも働ける　　　　　　　　　　高給

1.2.1 自分の作ったアプリが多くの人に使ってもらえる可能性を秘めていること

　ほかのITエンジニア、例えばサーバーサイドエンジニアとちがい、アプリは人びとに直接使ってもらえます。電車に乗っているときに、隣にいる人が自分の作ったアプリを使っていたらうれしいと思いませんか？

　筆者の私もニュースアプリの会社でアプリを作っていたときは、ユーザー数が数十万人規模でしたので、自分の作っているアプリが電車で使われている光景を目の当たりにし、感動したことを覚えています。

1.2.2 パソコンさえあればどこでも働けること

　どこでも働けるといえばフリーランスというイメージがあるかもしれませんが、比較的新しい職業であるアプリ開発エンジニアの場合、企業勤めであってもリモートワークが積極的に行われているところも多く、一時的に海外で働いたり、実家に帰るついでに1ヵ月リモートワークするなど、場所にとらわれずに仕事している人が多い印象です。セキュリティの問題で使えるPCやWiFiが固定されているケースはありますが、その点もGitHubなどのコード管理サービスや、MacBookなどがそもそもセキュリティに優れていることもあり、ITエンジニアのリテラシーさえ高ければ、情報漏洩リスクも最低限に抑えられます。

　筆者も普段は東京にいながら、夏は暑いので札幌に滞在するなど、柔軟に働くことができています。

1.2.3 高給な職業であること

　実は、アプリ開発エンジニアはITエンジニアの中でも高給な部類に入ります。その理由は、

1

まだ歴史が浅く、エンジニアが少ないことがあげられます。

　例えば、1980年代からITエンジニアという職業自体は存在したと思いますが、スマートフォンアプリが誕生したのが2008年なので、それ以降に学んだ人でなければスマートフォンアプリエンジニアになれません。一度技術を覚えたらほかの技術を学び直すことをしない人も多く、そのおかげで、新しくスマートフォンアプリ開発を始める若手のエンジニアにチャンスが多いのも事実です。

　筆者の私も社会人4年目の27歳のときに、フリーランスエンジニアとして時給8,000円がついたときには驚きました。もちろん、技術が高いと認められ、信頼関係があって初めてこのような高給が実現するとは思いますが、社会人4年目までしっかり努力すれば、年収1,000万円以上も狙えるというのは夢のある職業だなと思います。

　ちなみに、筆者より全然若くして同じくらい稼いでいた方もいます。その方は、専門学校を20歳に出て、4年後の24歳には企業で年収800万円をもらっていました。すごいですよね。

　このように、仕事としてのアプリ開発は非常に魅力的なことがわかると思います。

1.3 趣味としてのアプリ開発

　アプリ開発は何もお金を稼ぐだけが楽しみではありません。先ほども述べたように、自分の作ったアプリが、人に使ってもらえるというのは、お金には代え難い感動があります。また、多くの人に使ってもらえなかったとしても、自分が欲しいアプリを自分のために作って、自分に最適化した便利なスマートフォンライフを営むこともできます。

　趣味としてのアプリ開発の楽しさは、なんといっても「ものづくり」がパソコン1つで高速で完了するところにあると思います。

図1.4　**アプリ開発を趣味にする**

　筆者の私も子供の頃からものづくりが好きで、レゴブロックなどにハマっていました。大学も機械工学科で、卒業研究ではストレッチングマシンの開発を行いました。そんな自分が感じる「アプリ開発」がほかのものづくりとはちがう点は、**素早くできるのにアウトプットが大きいこと**です。

　早くて1ヵ月がんばればアプリは完成します。レベルが上がると3ヵ月で作れないアプリはほぼなくなります。もちろん「大規模アプリは3ヵ月では無理だろww」というツッコミもあるとは思いますが、実は開発ツールの効率化が進んでいて、3ヵ月で出せないアプリは開発手法やチー

ムの最適化に問題があるといっても過言ではありません。というくらい、早くモノを世に出すことができて、それでいて多くの人に届く可能性がある、というのは楽しすぎませんか？

アプリ開発の流れ

アプリ開発は、大きく分けて次の4つのステップで行われます。

1. **要件定義：アプリがどのような機能を持つかを決める**
2. **開発：プログラミング言語を用いてアプリが動作するためのコードを書く**
3. **テスト：アプリが正しく動作するかを確認する**
4. **リリース：App Store や Google Play ストアでアプリを公開する**

図1.5 アプリ開発のイメージ

ベースUIを作成

まずはベースとなるUIをつくって完成系のイメージをしてから細かいところを詰めていきます。
ここは正直簡単です。

ロジックの作成

アプリのコア機能を作っていきます。
ここが一番難しく、重要なところです。

動作確認とエラー対応

使えるアプリにするために、動作確認してバグを潰していきます。
工数として見逃されがちですが、この時間がないとアプリをブラッシュアップできないので、しっかり時間を確保しましょう。

GitHubへアップロード

開発したコードが消えてしまってやり直しになったりしては困ります。
ここでしっかり保存しておきましょう。今後のアップデート作業にも役立ちます。

リリース作業

iOSとAndroidそれぞれリリース作業をしていきます。
意外とやることが多いので頑張りましょう。

継続的な開発

アプリ開発の手法というのは、パソコンやスマートフォンが登場する前の建築や、車などの機械の開発の手法を踏襲しています。しかし、テクノロジーの進化により、今やアプリは1人で作ることができるので、厳密にこの流れで作るとむしろ非効率になってしまうケースもあります。1.要件定義を経ずに、いきなり開発からスタートし、「都度都度どんなアプリにしたいか要件定義をして、完成したらリリースする」という流れも、個人開発では大いにあります。なんなら要件定義というフローはまったくやらずに、頭の中で思いついたものをそのままコードに落とし込んでいくのもアリです。

ここまでの話を考慮すると、個人アプリを開発するときは、次の2ステップで行っていると表現することもできると思います。

1. **広義の開発（要件定義と開発とテストを同時進行）**
2. **リリース**

1.5 アプリ開発で使う技術

図1.6 **ネイティブ vs クロスプラットフォーム**

ネイティブ開発言語

Android
- Java
- Kotlin

iOS
- Objective-C
- Swift

クロスプラットフォーム
- Flutter
- Xamarin
- React Native

アプリ開発にはさまざまな技術が使われます。まず、基本的には**ネイティブ開発言語**（Androidは Java, Kotlin、iOS は Objective-C や Swift）を使用します。これらは AndroidOS と iOS がそれぞれ公式の開発フレームワークと定義しているものです。筆者ももともとこのエンジニアで、Swift による iOS アプリ開発を 2015 ～ 2018 年の 4 年間メインとして行っていました。このネイティブ開発における最大のメリットは、最新 OS に必ず対応していること、スクロール時のヌルヌル感などの動作パフォーマンスが一番よいということです。しかし、Android アプリは Kotlin、iOS アプリは Swift、というように別々でコードを書かなければいけないので、その分開発者も必要ですし、開発時間もかかるというデメリットがあります。

一方で、**クロスプラットフォーム**のフレームワークの React Native や Flutter も流行していま

す。クロスプラットフォームとは、iOSやAndroidという別OSを横断して対応しているフレームワークのことを指します。つまり、1回コードを書いたら、そのコードがiOSにもAndroidにも適用できるということです。詳しくは1.7「なぜFlutterなのか」で解説します。

　先ほどネイティブ開発言語を公式といいました。クロスプラットフォームのフレームワークは、それでいうと公式ではないのですが、基本的にはAppleやGoogle社も認めており、互いに連携して開発を進めている側面もあります。ちなみにApple社はiPhone端末とiOSとSwiftを開発していて、Google社はPixelなどの一部の端末とAndroidOS、Flutterを開発しています。React NativeというクロスプラットフォームはFacebookやInstagramを運営するMeta社が開発しています。

　このように、基本的にアプリ開発の言語やフレームワークは無料で使えるのですが、そのバックにはGAFAMを中心としたテック企業が存在して、アプリ開発者から自分たちのフィールドに引き寄せようという思惑は存在します。ただ、開発者コミュニティはオープンソースの文化で発展してきた経緯があるので、一概にビジネス臭はそれほどしません。

1.6　Flutterとは

　FlutterはGoogle社が開発したアプリ開発のためのフレームワークです。モバイル、Web、デスクトップのアプリを作成することができます。Flutterは、プログラミング言語ではありません。Dartというプログラミング言語を使ってアプリを作れるようにしてくれているフレームワークです。

　Flutterに限らず、Rubyを使ったフレームワークのRuby on Rails、Pythonを使ったDjango、PHPを使ったLaravelなど、ある言語を使ってアプリを作れるようにしたフレームワークは数多くあります。

　Dartという言語は、2011年にGoogle社がリリースした言語です。その後、2018年に同社がFlutterをリリースしたという時系列になります。Flutterだけじゃなく、Dartを使ってサーバーサイドアプリを作るServerpodやFlogというフレームワークもあります。

1.7　なぜFlutterなのか

　Flutterはその高速な開発サイクル、美しいユーザーインターフェースの構築能力、そして1つのコードベースから複数のプラットフォームに対応する能力により、多くの開発者に愛されています。また、Google社の強力なサポートと広大なコミュニティにより、問題に対する解決策

を見つけやすくなっています。

　要は、「素早く高機能なアプリを多くの OS に届けられる」というメリットを持っています。ひとつひとつ解説していきます。

図1.7　**Flutterの魅力**

素早さ　　　　　　　　　　　　高機能　　　　　　　　　　クロス
　　　　　　　　　　　　　　　　　　　　　　　　　　　　プラットフォーム

1.7.1　素早さ

　先ほど、どんなアプリも 3 ヵ月で作れるといいましたが、それも近年になって高速にアプリが作れるようになったからです。もちろん、iPhone や Android が出たての頃は、開発ツールの整備も間に合っておらず、バグも多かったので、それほど効率的に作れたわけではありません。

　Flutter はほかのアプリ開発手段よりも高速に作れるように設計されています。パズルを組み立てるようにアプリの画面を作れる機能がとても素晴らしい点です。

1.7.2　高機能

　Flutter は Google 社が作ったというのもあり、Android OS でよく見られるマテリアルデザインの UI パーツが充実しています。これを組み合わせるだけで、簡単に見た目のよいアプリが作れるので、特別デザイナーがいなくてもかっこ悪いアプリになることは少ないのです。

1.7.3　クロスプラットフォーム

　iOS、Android、Web など、アプリを展開する舞台のことをプラットフォームと呼びます。その複数のプラットフォームに対してアプリを展開できるフレームワークを、**クロスプラットフォーム**なフレームワークと呼びます。

　Flutter はクロスプラットフォーム対応です。Flutter のコードを書けば、iOS アプリと Android アプリ、macOS アプリ、Web アプリ、Windows アプリが同時に作れます。多少はそれぞれへの最適化が必要ですが、ほとんど個別のコードを書くことがなく、全部一気に作れるので、大変効率がよいです。

筆者の運営している Flutter 大学も iOS、Android、Web アプリを用意しており、ほぼ1つの
コードですべてに対応しています。

クロスプラットフォームが登場する前は、iOS は Swift で書いて、Android は Kotlin で書いて、
Web は JavaScript で書いて、というように、別々の言語をそれぞれ学習して作る必要があった
のですが、いくつかクロスプラットフォーム対応のフレームワークが登場し、開発効率が上昇
しています。

1.8 Flutter vs ほかのフレームワーク

図1.8　さまざまなアプリ開発フレームワーク

Flutter はほかの開発フレームワークや言語と比較すると、開発者の体験がよいという点で人
気があります。

その理由をいくつか紹介します。

図1.9　Flutterの開発者体験がよいといわれる理由

まず、最大のメリットといえるのは、Flutter は1つのコードベースで iOS と Android の両方の
アプリを開発できるということです。これにより、開発時間とコードを書く労力を大幅に削減す
ることができます。これに対して、Swift と Kotlin ではそれぞれのコードで別々に開発する必要
があるので、基本的には時間がかかります。

2つ目の Flutter の大きな特徴として、**ホットリロード機能**があります。

　ホットリロード機能とは、コードの変更によるUIの変更をリアルタイムで確認することができる機能のことを指します。これは、かなり生産性を向上させます。

　一方、従来のSwiftとKotlinでの開発では一旦ビルドしてアプリを動かさなければ動作確認できないため、少なくとも毎回3分以上の待ち時間が発生したりしました。ちなみにSwiftUIやJetpack CompseではリアルタイムでUIの変化を確認する機能があるように、ほかのフレームワークも追従して、リアルタイムでUIを確認できる機能を充実させつつあります。

　3つ目に、FlutterにはWidgetと呼ばれる**UIコンポーネント**（ボタンやテキスト、画像などを作るパーツ）が豊富に用意されています。これにより開発者は美しいUIを短時間で作成できます。また、もともとFlutterに用意されているWidgetだけではなく、開発者それぞれがカスタムで作成し、それをひとまとめにしてpackageにして配布するという文化もあります。

　4つ目はその優れたパフォーマンスです。ここでいうパフォーマンスとは、**処理が重くなっても画面がヌルヌル快適に動くという意味です。PCやスマートフォンで処理が重くて固まった経験があるかもしれませんが、それがあまり起こらないという状態がいわゆるパフォーマンスが高い状態といえます**。Flutterが動く場所であるFlutter Engineは、C++で書かれたFlutter独自のレンダリングエンジンです。そのため、Flutter/Dartのコードは、SwiftやKotlinなどのコードに変換されているわけではなく、スマートフォン上にインストールされたFlutter Engineの中を動くというイメージです。

　一方、React NativeはJavaScriptをSwift（Objective-C）、Kotlin（Java）に変換して動かしています。React Nativeのデメリットは、この変換のつなぎ目にバグが生じると、うまく動かなくなることです。また、React Nativeは常にiOSやAndroid OSのアップデートに追随する必要があります。ここが大きなちがいといえるでしょう。

　SwiftとKotlinによる開発は、iOS、Androidそれぞれで最高のパフォーマンス（UIのなめらかの動き）を発揮します。これには勝てません。しかし、FlutterはFlutter Engineの性能が優れているため、かなりこの**純正フレームワーク**の動きに近づいています。React Nativeのように純正に変換してるわけではなく、独自で発展を遂げているため、まだまだ伸び代があります。筆者はFlutterがリリースされた頃から使っていますが、現在のFlutterのパフォーマンスは当初より非常に高くなったなと感じています。

1.9 Flutter開発全体像

Flutter開発は、基本的に次の要素から成り立っています。

- **ウィジェットベースのUI開発の理解**
- **Dart言語の学習**
- **状態管理の学習**
- **パッケージの利用**
- **各OSへのリリース作業の知識**

図1.10 アプリ開発のイメージ図

ウィジェットベースのUI開発の理解
Dart言語の学習
状態管理の学習
パッケージの利用
各OSへのリリース作業の知識

　これらを理解し、適切に利用することで、Flutter開発者は美しく、効率的な、そしてパフォーマンスの高いアプリを作成することが可能となります。

　本書では、「ウィジェットベースのUI開発の理解」と「Dart言語の学習」をメインに行います。そこまで理解できれば、**簡単なアプリを完成まで持っていける**からです。より複雑なアプリにチャレンジするときには、状態管理を学習したり、パッケージを利用したりする必要があります。また、App StoreやGoogle Playストアにリリースしたりするときには、そのための知識は必要です。それらの本書に書いていないスキルに関しては、Flutter大学のYouTubeチャンネルの動画[*2]や、zennという技術ブログプラットフォームで記事や本[*3]を出していますので、本書が終わったあとは、ぜひそちらにチャレンジしてみてください。

＊2　https://www.youtube.com/channel/UCReuARgZI-BFjioA8KBpjsw
＊3　https://zenn.dev/kboy

第 **2** 章

Flutterでアプリを作る準備

第1章にてアプリ開発のイメージができたと思います。本章では実際にPCを用意し、開発の下準備に入ります。
挫折しないように丁寧な解説を心がけましたので、ぜひついてきてください！

2.1 必要なPC

Flutterでアプリ開発を始めたい！ と思っても何から始めたらよいかわからない方が多いと思います。

ということで、本節ではFlutterアプリ開発のためのPCの選び方を紹介したいと思います。

2.1.1 どのPCを選ぶべきか

まず、macOSかWindowsか、という話が最初にあると思います。**こちらは結論からいうと、macOSです。** その理由は、macOSでないとiOSアプリが作れないからです。iOSを作るためには、macOSアプリであるXcodeを入れる必要があり、FlutterでiOSアプリを作るにしても、このXcodeは必須です。そのため、macOSでないとダメなのです。

図2.1 PCを選ぶ

また、macOSでしかiOSアプリが作れないのであれば、Windowsでしか作れないアプリがあるってことはないの？ と思った方がいるかもしれません。それでいうと、Windowsでしか作れないアプリはWindowsアプリだけです。実は、FlutterはWindowsアプリの開発にも対応しています。Windowsでは、AndroidアプリとWindowsアプリが作れますので、その2つを作りたいという方はWindowsがよいかもしれません。しかし、本書を手にした多くの方が、主にスマートフォンアプリ開発をイメージしていると思いますので、そういう方は、iOSアプリもAndroidアプリも作れるmacOSのPCを買うことが無難です。

本書の環境構築については、macOSベースでお話ししていきますが、それ以外の点に関してはWindowsでも全部一緒ですので、Windowsの方も諦めずに本書を参考にFlutter開発に取り組んでください。

以降、macOSのPCを買う前提で話を進めます。macOSのPCで考えるべきなのが、CPUのスペックとメモリ、そしてストレージです。それぞれどのように検討したらよいか、紹介していきます。

2.1.2 チップ

例えば、MacBook Airを買おうと思ったときに、そこにM1 Ultraとか、Intel Core i7とか書いていませんか？ これがチップで、チップにおいて大きな割合を占めるのがCPUです。なので、

M1 や Intel Core i7 のことを CPU のスペックと呼ぶこともあります。CPU は Central Processing Unit の略で、PC の脳にあたる役割を担います。

これをどう選べばよいのか？ という問題ですが、そこまでは細かく検討しなくて大丈夫です。現在ですと、Apple が出す最新の macOS の PC は

図2.2 **チップを選ぶ**

すべて M1、M2 などの M○チップですので、基本的にはこちらを買うとよいと思います。M2 Ultra など、毎年のように Apple が新しいチップを発表してきますが、筆者も M1 MacBook Air で開発できていますので、執筆している現在のところ、M1 以降であれば問題ないという認識です。つまり、M○チップならなんでも OK ということです。

昔の MacBook のチップは Intel なので、中古で買う場合は検討することもあるかもしれません。こちらもどのチップであろうが、Flutter 開発にとって不足するということは基本的にはないと考えてよいです。しかし、M○のほうが開発時の PC の動きが明らかに速いので、そちらをおすすめします。

2.1.3 メモリ

結論、メモリは16GB以上にしましょう。 メモリは 8GB、16GB、32GB、64GB など、どんどん倍になっていくギガがついたものです。後述するストレージも 256GB などと表現されるのですが、ストレージは貯めておける容量で、**メモリは瞬間的に使える容量**です。なので、**どれだけたくさんのアプリを同時に開いて作業できるか？** ということに関わってきます。

例えば、Android Studio でアプリ開発しながら Visual Studio Code でサーバサイドの開発をして、Final Cut Pro で動画編集をしながら、Web で Figma を開いてデザインを確認しながら、Photoshop で写真を加工する、といった同時作業をするためには大きなメモリが必要です。

図2.3 **メモリ＝同時作業**

メモリが足りなくなると何が起こるかというと、画面が固まります。PC をいじっていてアプリケーションが固まり、強制終了させたという経験はありませんか？ あれは多くの場合、メモ

リが足りなくなって固まっています。

　Flutter でアプリ開発をするときも、Figma でデザインを確認しながら Flutter のアプリを組んだり、Zoom で画面共有しながら作業するくらいは必ずやるので、8GB だと少し足りなくて、16GB は必要かなという感じです。32GB 以上はあるに越したことはないのですが、もちろん値段が上がってしまうので、基本的には必要ないと思います。

　ちなみに、Intel チップの 16GB と M1 チップの 16GB でも作業時の体験はかなりちがっていて、M1 のほうが処理能力が高く、固まることが少ないです。

2.1.4 ストレージ

　結論、512GB 以上は欲しいです。先ほどのメモリが瞬間的に使えるギガの容量を示したのに対して、ストレージは貯めておけるギガの容量を示します。こちらのほうがイメージしやすいのではないでしょうか？

図2.4 ストレージ＝倉庫

　iPhone などのスマートフォンを買うときも、64GB にするか、256GB にするか、悩んだことがあるかもしれません。スマートフォンだと、それをどれだけ大きくするかによって保存できる写真や動画の量が変わりますよね？ 大丈夫だろうと思って 64GB にしたら、すぐに容量マックスになって動画が保存できなくなったり、アプリが入れられなくなった経験がある方もいるかもしれません。同様に、PC で作業するときも、この問題に直面することがあります。

　そのネックになるのが **Xcode** という iOS アプリをビルドするために必要な macOS アプリです。Flutter でアプリ開発をするにしても、この Xcode を入れないと iOS アプリをビルドすることはできません。問題なのはこの Xcode がたくさん容量を使ってしまうことです。

　筆者の PC で確認すると、Xcode は **12.68GB** ありました。ちなみに、Android Studio は 1.89GB、Visual Studio Code は 547MB でした。

　12GB だったらそれだけ空けておけばよいと思われるかもしれませんが、ここが罠で、アプリをアップデートするときに一瞬古いアプリと新しいアプリが 2 つ共存する瞬間があります。このとき、12 × 2=24GB 分は最低でも容量に余裕がある必要があります。Xcode にはシミュレータという、PC 上で iPhone を起動して動作感をデバッグできる機能があり、これも iOS が PC に何個もできるようなものなので重く、1 シミュレータで 5GB などいきます。特に何も考えずに

Xcode をインストールすると、これが 10 個くらいインストールされるので、さらに 50GB は使います。そうなると、結局 Xcode 関連だけで 60 〜 80GB は使うというイメージです。

以上を考えると、容量が 128GB だと絶対にすぐなくなるし、256GB だと動画をいくつか保存したらギリギリになってしまう、512GB でやっとある程度何も考えずに作業できるというイメージです。

ちなみに、筆者は YouTuber もやっておりまして、動画編集する機会があるのですが、動画をすべて PC に保存すると、一瞬で 512GB は埋まってしまいます。この倍の 1,000GB 以上、つまり 1TB 以上にしたとしても、すぐになくなります。動画を扱う人は、外付けハードディスクを買ってストレージを増やすことをおすすめします。

2.1.5 値段

本書を執筆している 2023 年 11 月現在、ここまで解説した項目を満たす最低限のスペックは次のとおりです。

- **MacBook Air M2 メモリ 16GB、ストレージ 512GB**

こちらを App Store で見てみると、236,800 円でした。

快適なアプリ開発ライフを送るためには、このくらいは初期費用がかかります。形から入る方は買うことをおすすめしますが、Windows でもできますし、スペックもこれより低い macOS でも Flutter アプリ開発はスタートできますので、まずはお手持ちの PC でこれから解説する環境構築を試してみて、それからの購入を検討してみたらよいのではないかと思います。

macOSの環境構築

まずは、macOS の PC での Flutter 環境構築を行なっていきましょう。Windows の方は本節は飛ばして次の節の「Windows の環境構築」に進んでください。

2.2.1 Flutter のインストール

まず始めに、Flutter をインストールします。Flutter 公式 HP のインストールページ[1] にいきましょう。

＊1 https://docs.flutter.dev/get-started/install

ƥ macOS を選択

Windows、 macOS、 Linux、、 ChromeOS など、 OS の種類が並んでいるので、 今回は「macOS」を選択しましょう。

図2.5「macOS」を選択

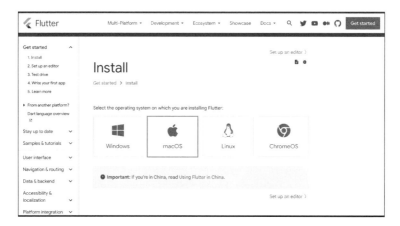

ƥ 「Flutter」 フォルダのダウンロード

「Get the Flutter SDK」と見出しで書いてある箇所で、 ZIP ファイルのダウンロードボタンを押します。

ここで、 Intel か Apple Silicon かの選択肢があります。 あなたの macOS のチップに応じて選択しましょう。 M1、 M2 などの M ○シリーズであれば「Apple Silicon」で、 それ以外であれば「Intel」です。

図2.6 Flutter SDKのダウンロードボタン

ダウンロードが完了したら、 解凍しましょう。

🏴 「flutter」フォルダを移動

ユーザーフォルダ直下に「development」フォルダを作成し、ダウンロードして解凍した「flutter」フォルダを移動します。

フォルダ構成は、「Macintosh HD >ユーザー ＞（ユーザー名）> development > flutter」となりました。

このフォルダ名は、あとでパス指定のときに正しく参照できれば、なんでも大丈夫です。

図2.7 「flutter」フォルダ

2.2.2 パスを通す

Flutterをインストールしたあと、Flutterを使えるようにするには「パスを通す」という作業が必要になります。少しコマンド操作もあるので、難しく見えますが、やってることは**どこにFlutterのフォルダがあるのかPCに伝える**というだけです。

🏴 使用しているシェルを調べる

ターミナルを起動して次を実行してください。

```
echo $SHELL
```

- **/bin/zshと返ってきたらシェルはzsh**
- **/bin/bashと返ってきたらシェルはbash**

上記を使用していることになります。

基本的に、2019年10月以降に買ったmacOSならzshがデフォルトです。また、それ以前の場合でも、macOS Catalina以降にしていると、bashだったとしてもOSがzshへの変更を推奨してきます。

念のため、zshだけでなくbashも含めて操作方法をお伝えします。

zsh の場合

zsh の場合は、「.zshrc」という設定ファイルにパスを書き込みましょう。

ターミナルで次のように打ち込みます。これで vim というエディターが起動した状態になります。

```
vim .zshrc
```

要は Finder からファイルを選択して、なんらかのエディタで書き込んでいるのと同じことです。

bash の場合

bash の場合は設定ファイルが異なっているので、「.bash_profile」を開きます。

```
vim .bash_profile
```

INSERT モードにする

以降は zsh でも bash でも共通です。

vim というエディターが起動した状態になるので、 i を押して「INSERT」モードに切り替えてください。

パスを入力する

export PATH="$PATH:[flutter フォルダが格納されているディレクトリ]/flutter/bin" を入力します。

図2.8 パスを入力

著者の場合、/Users/fujikawakei/development というフォルダに flutter パッケージを入れたので、図2.8 のようなパスになっています。

内容を保存

Esc を押して「INSERT」モードを終了し、:WQ と入力して Enter で内容を上書き保存します。

パスの有効化

次に、パスの有効化のため次のコマンドを打ち込み、実行します。

```
source ~/.zshrc
```

🅑 パスが通ってるか確認

ターミナルで次のコマンドを実行し、パスが表示されれば設定完了です。

```
which flutter
```

また、次のコマンドを打って [Enter] を押し、welcome to flutter と表示されれば成功です。

```
flutter doctor
```

うまくいかなければ、not found というような表示がされるはずです。先ほどのパスの保存のときに、まちがった文字列を保存してないか、もう一度確認してください。

次に、Android Studio のセットアップを行います。

2.2.3 Android Studio のセットアップ

🅑 ①Android Studio 公式 HP[*2]からダウンロードし、案内に従ってインストールする

図2.9 Android Studioのダウンロードボタン

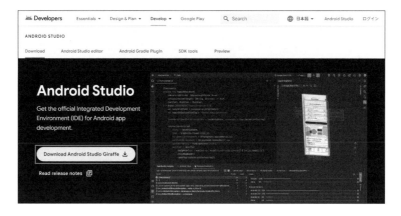

ダウンロードが終わると、次のような画面が出てきます。

＊2　https://developer.android.com/studio

図2.10 Android Studioのウェルカム画面

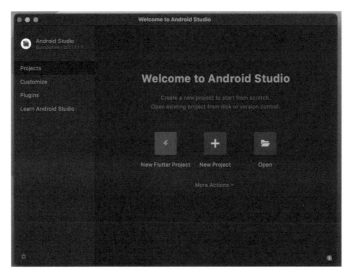

🏴 ②Flutter、Dart のプラグインを導入する

左側のタブから「Plugins」を選択します。

図2.11 Android Studioのプラグイン検索画面

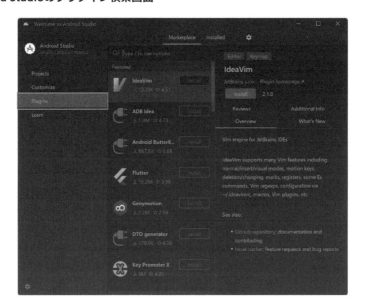

③Flutter、Dart をインストールする

「Marketplace」タブを選択した状態で「Flutter」と検索しましょう。

図2.12 プラグイン検索画面で「Flutter」と検索

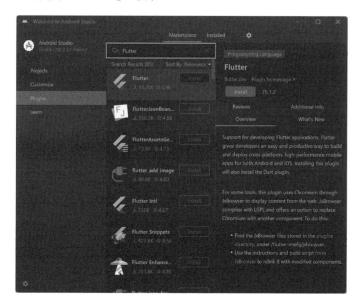

「Flutter」が出てきたら、選択し、「Install」ボタンを押します。

図2.13 Flutterプラグインの「Install」ボタン

インストール後、「Restart IDE」ボタンが出るので、そのボタンを押して、Android Studio を
再起動しましょう。

図2.14「Restart IDE」ボタン

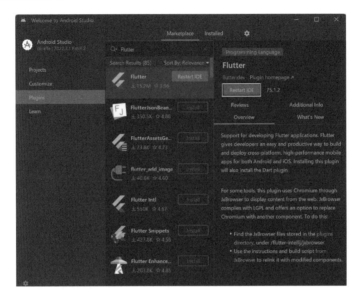

ちなみに Flutter プラグインを入れると、自動で Dart プラグインも入ります。

④Android Studio を再起動し、初期画面に「New Flutter Project」があること を確認する

図2.15「New Flutter Project」の表示

⑤プロジェクトを作成する

まずは「New Flutter Project」ボタンを押し、「Flutter」が選択されているのを確認して「Next」を押します。図2.16で「Flutter SDK path」の部分が、先ほど設定したFlutterのパスになっているかを確認しましょう。図2.16の場合は「/Users/ fujikawakei/development」です。

図2.16 **「Flutter」を選択し、「Next」ボタンを押す**

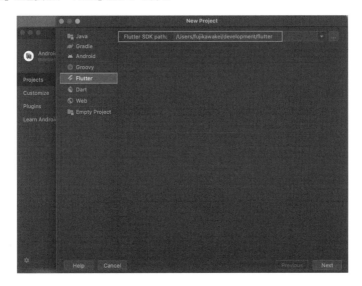

次の画面で、アプリの情報の設定をします。

「Project name」にはアプリの名前を入れます。好きな名前を入れましょう。ただし日本語は入れないようにしてください。

図2.17「**Project name**」を入力

その下の「Project location」と「Description」は特に変えなくても大丈夫ですが、軽く解説します。

- **Project location：このアプリのプロジェクトをどこのフォルダに作るか記載します。**
- **Description：このアプリの説明文です。後述する「pubspec.yaml」に反映されます。リリース後のアプリストア説明文とはまた別で、開発者にしか見えません。**

図2.18「**Project location**」と「**Description**」を入力

　「Organization」は少し注意が必要です。リリースしない前提での開発では、ここはデフォルト値の「com.example」のままでもよいのですが、リリース時にはユニークな値である必要があります。そのため、ここには慣習として、このアプリをリリースする会社のHPのドメインをひっくり返したものを入れます。

　例えば、筆者の会社「株式会社KBOY」の会社HPは「**kboy.jp**」ですので、「jp.kboy」にします。仮に、「**kboy.co.jp**」であれば、「jp.co.kboy」になります。

　会社ではなく個人である場合も、この欄はユニークであるべきなので、自分のHPのドメインをひっくり返したものにするか、これは被らないであろうというユニークなものにしてください。

図2.19 「Organization」を入力

　「Android language」と「iOS language」は Kotlin、Swift になっていれば大丈夫です。Java や Objective-C がダメなわけではないですが、Kotlin、Swift のほうが新しく情報も多いので、基本的にはそちらを選びましょう。

図2.20 「Android language」と「iOS langurage」を入力

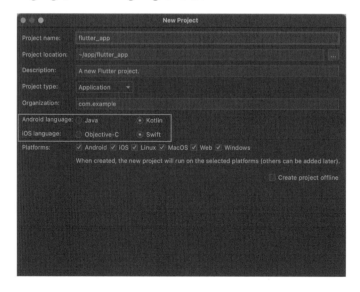

　「Platforms」の部分には、その名のとおり「どのプラットフォームをターゲットにするか」を設定します。プラットフォームとは、Android、iOS、Webなどのアプリが動く舞台のことです。デフォルトではすべてに選択が入っていますが、そのままでも問題はありません。しかし、チェックボックスを入れた分だけフォルダが増えるので、フォルダ構成をすっきりさせたい方は、必要なプラットフォームのみにチェックを入れておきましょう。

図2.21 **「Platforms」にチェック**

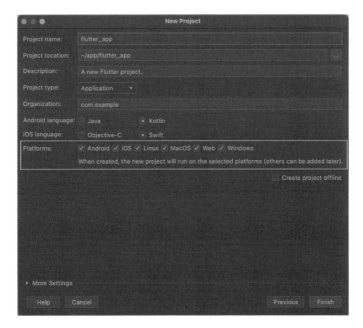

　ここまでできたら、右下の「Finish」ボタンを押してアプリの設定完了です！

図2.22「Finish」ボタンを押す

⑥デバッグのためにエミュレーターをダウンロードする

「Devise Manager」にアクセスします。

図2.23「Devise Manager」

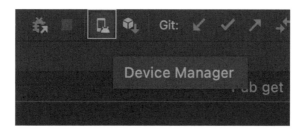

iPhone からエミュレーターをダウンロードします（図2.24 は Pixel 3a を選択）。

図2.24 **エミュレーター覧**

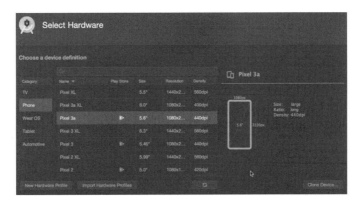

β ⑦「起動ボタン」をタップしてエミュレーターを起動する

図2.25 **エミュレータの「起動ボタン」を押す**

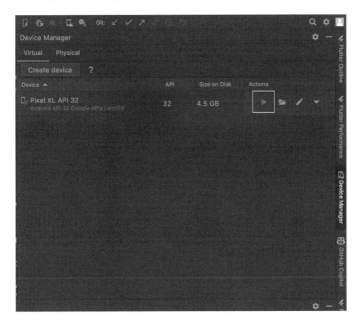

🐦 ⑧デバックボタンを押してビルドできれば完了！

図2.26 AndroidStudioの「デバッグボタン」を押す

これ以降は、プロジェクトを開いたらエミュレータが選択できるようになります。

2.2.4 Xcode のセットアップ

最後にXcodeのセットアップを行います。Android Studio のセットアップだけでも前には進めるのですが、iOSアプリを作るためにはXcodeも入れる必要がありますので、基本的には入れておきましょう。

🐦 **Xcode をダウンロード**

macOS の App Store からXcodeを検索し、ダウンロードしましょう。

このときの注意点は、2つです。

- **Xcodeの容量が大きい (12GBくらい) のでPCの容量を確保しておくこと**
- **容量が大きい分ダウンロードに時間 (20分〜2時間) がかかるので、ネットワーク環境がよい場所で、時間を確保して行うこと**

Xcodeのダウンロードは時間がかかることで有名なので、ご自宅で行うなら寝る前にダウンロードボタンを押しておくのがおすすめです。もちろん、Xcodeダウンロード中はXcodeは使えないので、基本的にアプリ開発ができません。ダウンロード中は、アプリ開発の作業を止めてジムに行くか、サウナに行くか、寝るか、という形で時間を有効活用するようにしましょう。

図2.27 **Xcodeのダウンロードボタン**

シミュレーターを起動する

Android Studio に戻り、「Open iOS Simulator」を選択してシミュレーターを起動します。

図2.28 **「Open iOS Simulator」を選択**

起動してみる

デバックボタンを押し、Androidと同様にビルドできれば完了です。これでFlutterでアプリ開発を始める準備が整いました！

図2.29 **デフォルトのTODOアプリ**

2.2.5 CocoaPods のインストール

CocoaPods のインストールは、この時点では必要ないです。しかし、あとあといろいろなラ

イブラリを入れると CocoaPods が必要になるので、入れておいてもよいでしょう。ターミナルで次のコマンドを叩いて、CocoaPods をインストールします[3]。

```
sudo gem install cocoapods
```

2.3　Windowsの環境構築

次に Windows の環境構築をやっていきます。macOS の方はこの節を飛ばしてください。注意点としては、Windows では iOS アプリ開発はできません。モバイルアプリであれば、Android アプリを作っていきます。

まずは、Flutter 公式ドキュメントにアクセスし、「Windows」を選択します。

図2.30 インストール画面で「Windows」を選択

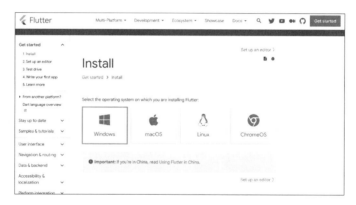

2.3.1　Git for Windows のダウンロード

Windows の PC で Flutter を使うために、条件があります。それが次の2つです。

- **Windows PowerShell 5.0**[4]以上が入っていること
- **Git for Windows**[5] バージョン2系以上が入っていること

---

* 3　本書では CocoaPods は必須ではありませんので詳しい解説を省きます。詳しくは Flutter 大学の YouTube (https://www.youtube.com/@flutteruniv) でご確認ください。
* 4　https://docs.microsoft.com/en-us/powershell/scripting/install/installing-windows-powershell
* 5　https://git-scm.com/download/win

図2.31 **Windowの PC で Flutter を使うための条件**

Windows PowerShell はすでに入っている可能性が高いので、Git For Windows のダウンロードから解説したいと思います。

公式ドキュメントのリンクにもある **https://git-scm.com/download/win** にアクセスし、「**Click here to download manually**」をクリックします。

図2.32 **Git のダウンロード画面**

ダウンロードが完了したら、exe ファイルを開きます。

図2.33 **ダウンロードしたexeファイルを展開**

　特別カスタマイズする必要はないと思うので、基本的に「Next」ボタンを押してどんどん前に進めて、ダウンロードを完了してください。

図2.34 **gitインストール中**

2.3.2 **Flutter SDK ダウンロード**

ボタンを押して、Flutter SDK をダウンロードしていきましょう。

図2.35 **「flutter_windows」のダウンロードボタン**

2.3.3 **Flutter SDK を格納してパスを通す**

ダウンロードにしている間に、Flutter SDK を格納するためのフォルダを作っていきます。
PCのフォルダのドライブを選択します。図2.36 では「Windows(C:)」です。

図2.36 **「Windows(C:)」フォルダ**

「Windows(C:)」の中でフォルダを新規作成していきます。

図2.37「新規作成」を押す

「src」という名前で作ります。

図2.38「src」フォルダを作成

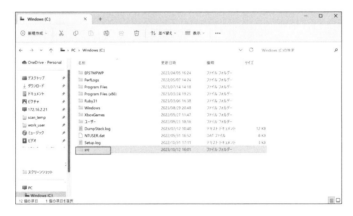

さらに、「src」フォルダの中に「development」という名前のフォルダを作ります。

図2.39「development」フォルダを作成

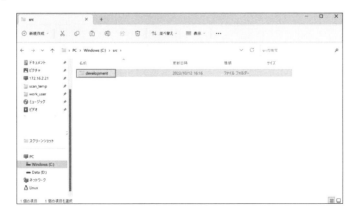

ダウンロードが完了したら、「フォルダを開く」を選択します。

図2.40 ダウンロードした「flutter_windows」の「フォルダを開く」を押す

フォルダの中にある「flutter」で始まるファイルをダブルクリックして、展開していきます。

図2.41 「flutter」で始まるファイルをダブルクリックして展開

ZIP を解凍していきます。

図2.42 ZIPを解凍

解凍された「flutter」という名前のフォルダがおそらくデスクトップにあると思うので、そのフォルダをドラッグ＆ドロップで、先ほど「src」フォルダに作った「development」というフォルダの中に格納してください。

図2.43 「src」フォルダ内の「development」フォルダに格納

次に、「Windows(C:) > src > development > flutter」フォルダの中にある、「bin」というフォルダを右クリックして、プロパティを押してください。

図2.44 「bin」を右クリックしてプロパティを押す

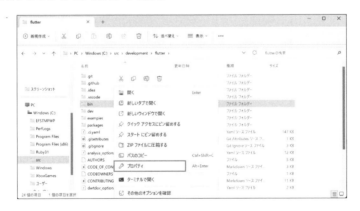

「bin」のプロパティが開かれました。この画面を開いたままにしておいてください。

図2.45 「bin」のプロパティ

次に Windows 内の検索窓で「env」と検索します。

図2.46 **Windows内の検索窓で「env」と検索**

そして、「環境変数を編集」を押してください。

図2.47「環境変数を編集」を押す

　環境変数の中に「Path」というのがありますので、そちらをクリックして、「編集」ボタンを押してください。

図2.48 環境変数の中の「編集」を押す

するとパス一覧の画面になりますので、「新規」ボタンを押し、Flutterのパスを追加していきます。

図2.49 環境変数の中の「新規」を押す

　ここで、先ほど開いた「bin」のプロパティをもう一度開きます。

　その中の「場所」という項目に書いてある文字列をコピーしてください。図 2.50 の場合は、「C:¥src¥development¥flutter」となっています。

図2.50「場所」という項目に書いてある文字列

　コピーしてきた文字列を新規追加で現れる行に対して貼り付けます。

図2.51 新規追加

さらに後ろに「¥bin」をつけてください。そして Enter です。

図2.52 後ろに「¥bin」をつける

　ここまできたら、「OK」を押して、環境変数名の編集および環境変数のウィンドウを閉じます。これでパスが通った（PC が Flutter SDK の場所を認識できるようになった）はずです！

2.3.4 PowerShell で「flutter doctor」

　次に、パスが通ったか確認するため、「Windows PowerShell」というアプリケーションを開きます。

図2.53 「Windows PowerShell」を開く

　Windows PowerShell が開けたら、`flutter doctor` というコマンド打って Enter です。

図2.54 Windows PowerShellで「flutter doctor」と打つ

welcome to flutterと表示されれば、成功です。

逆にうまくいかなければ、**not found**というような表示がされるはずです。先ほどのパスの保存のときに、まちがった文字列を保存してないか、もう一度確認してください。

図2.55 flutter doctorの結果

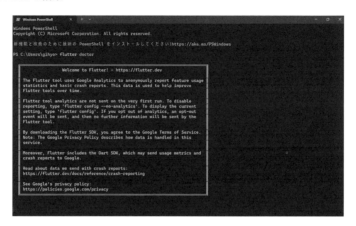

すべての環境構築が終わると、flutter doctor で出ているエラーが消えます。この時点では、Flutterのパスが通っていることが確認できればよいので、このままでもOKです。

今後の作業では、このflutter doctorにすべてチェックをつけるのが目標になります。

2.3.5 Android Studio のダウンロード

次に、Android Studioをインストールしていきます。

公式ドキュメントにリンクしてある、Android Studioへのリンクをクリックしましょう。

図2.56 Android Studioへのリンク

Install Android Studio

❓ Help

1. Download and install Android Studio.
2. Start Android Studio, and go through the 'Android Studio Setup Wizard'. This installs the latest Android SDK, Android SDK Command-line Tools, and Android SDK Build-Tools, which are required by Flutter when developing for Android.
3. Run `flutter doctor` to confirm that Flutter has located your installation of Android Studio. If Flutter cannot locate it, run `flutter config --android-studio-dir=<directory>` to set the directory that Android Studio is installed to.

そして、「DOWNLOAD ANDROID STUDIO」ボタンを押して、Android Studio を PC にダウンロードしましょう。

図2.57 「DOWNLOAD ANDROID STUDIO」ボタンを押す

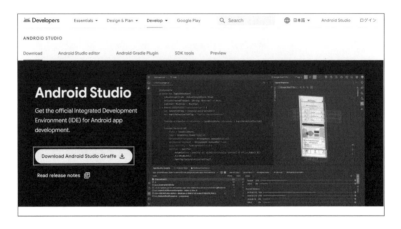

利用規約の同意へチェックマークを入れて、ダウンロードします。

図2.58 利用規約の同意へチェックマークを入れる

ダウンロードができたら、exe ファイルを開きます。

図2.59 Android Studioのexeファイルを開く

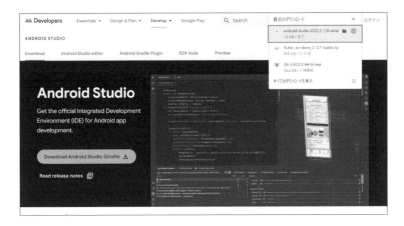

　開いたら、セットアップウィザードが始まりますので、基本的にはどこも変えずに、「Next」ボタンを押して進めましょう。

図2.60 セットアップウィザード

　ダウンロードが完了したらウィンドウが開きます。開かない場合は、アプリケーション一覧から開きます。

　Data Sharingについて聞かれます。どちらを答えても問題ないのですが、Googleに情報提供する場合は、「Send usage statics to Google」をクリックしましょう。

図2.61 **Data Sharing**

セットアップ画面が開きますので、「Next」で進みます。

図2.62 **Android Studioのセットアップ画面**

「Install Type」は基本的には「Standard」でOKです。

図2.63「InstallType」の選択

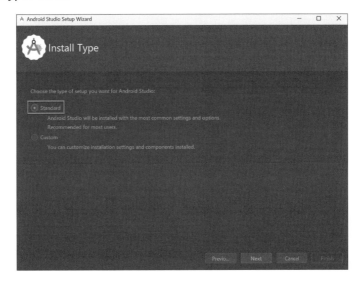

「UI Theme」はお好みのほうを選びましょう。「Darcula」のほうが雰囲気が出るので、プログラマに人気な印象はあります。

図2.64「UITheme」の選択

すべてのライセンスで「Accept」を選択し、最後に「Finish」を押します。

図2.65「Finish」ボタンを押す

必要なファイルがダウンロードされるので、しばらく待ちます。

図2.66 Android Studioに必要なファイルのダウンロード

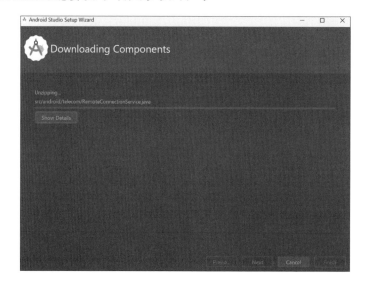

終わったら、改めて「Finish」ボタンを押して完了です。

図2.67「Finish」ボタンを押す

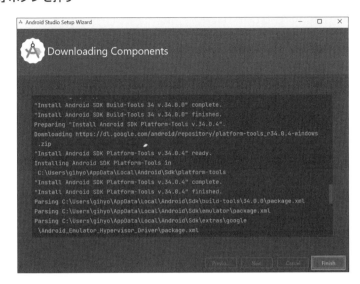

図2.68のような画面が開いたら、OKです。

図2.68 Android Studioのセットアップ完了画面

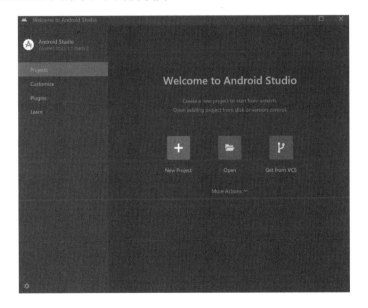

2.3.6 Android Studio に Flutter プラグインを入れる

Android Studio は、そのままでは Flutter に対応していないので、Flutter プラグインを入れていきます。

左側のメニューから「Plugins」を選択します。

図2.69 Android Studioの「Plugins」を選択

「Marketplace」から「Flutter」を検索し、「Install」ボタンを押してください。

図2.70 「Flutter」をインストール

「Privacy Note」に関するダイアログが出た場合、「Accept」で大丈夫です。

図2.71 「Privacy Note」に関するダイアログ

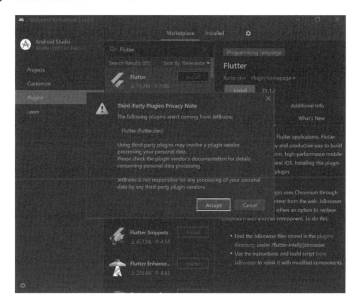

インストールが完了したら、「Restart IDE」ボタンを押して、完了です。

図2.72 「Restart IDE」ボタンを押す

再起動するか聞かれたら、再起動しましょう。

図2.73 再起動のダイアログ

再起動して開いたときに、Flutterのプラグインのインストールが反映されていれば、上から2

番目に「New Flutter Project」が表示されていると思います。こちらを押して、次に Flutter プロジェクトを作ってみましょう。

図2.74「New Flutter Project」を押す

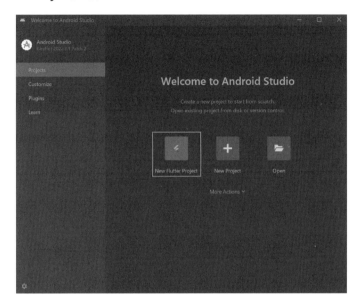

2.3.7 Flutter でプロジェクトを作る

左のメニューから「Flutter」を選択します。

Flutter SDK path などは、デフォルトで設定されている可能性が高いですが、指定されていない場合は、先ほど通したパスと同じディレクトリになるように指定しましょう。これがうまくいってないと、Flutter プロジェクトとしてうまく認識されなくなります。

今回の場合は「C:¥src¥development¥flutter」です。

以上を確認したら、「Next」ボタンを押して次に行きましょう。

図2.75 左のメニューから「Flutter」を選択

次にプロジェクトの詳細を設定していきます。

1番上の「Project name」の欄には、好きなプロジェクトネームを指定しましょう。今から本当に何かアプリを作る場合は、その内容にそった名前を英語で記入するのがおすすめです。

上から2番目の「Project location」は、このアプリのプロジェクトを保存するフォルダのことです。特別保存したいフォルダがある場合は、指定しましょう。

「Description」はいつでも変えれるのであまり気にしなくてよいと思います。

以上を確認したら、「Create」ボタンを押して完了です。

図2.76「Project name」を入力

無事プロジェクトが作られると、図2.77のようにデフォルトの「main.dart」のファイルが表示されると思います。

図2.77「main.dart」が表示

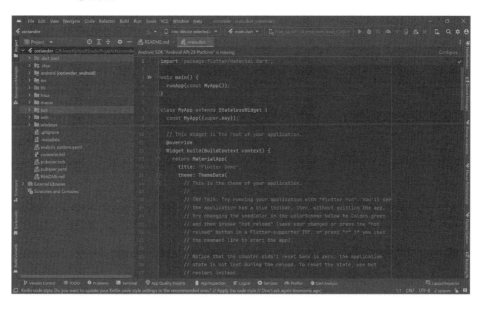

2.3.8 Android エミュレータをビルド

最後に、Android のエミュレータをダウンロードして、PC の中でもスマートフォンでデバッグできるようにしていきましょう。右上のスマートフォンに緑色の Android キャラクターマークがついたアイコンを押します。

図2.78 の右上にある、スマートフォンのボタンです。

図2.78 デバッグボタンを押す

すると、「Device Manage」画面が開きます。「Create Device」を押します。

図2.79 「Create Device」ボタンを押す

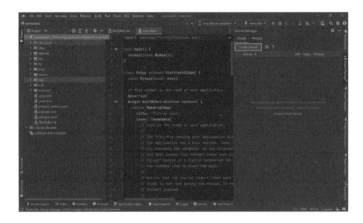

スマートフォンデバイス一覧が出てきますので、お好みのものを選択して、「Next」を押します。

図2.80 **デバイスを選択して「Next」ボタンを押す**

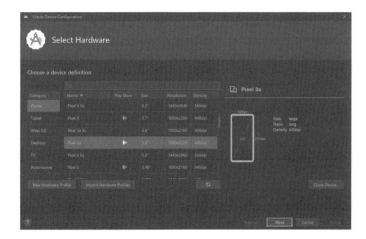

　次に、OSを選択します。お好みでよいのですが、上から3番目あたりにしておくと、一定の古いOSまで対応できるので無難です。

　そこまで決めたら、「Download」ボタンを押しましょう。

図2.81 **OSをダウンロードする**

　「Accept」にチェックを入れて、「Next」ボタンを押します。

図2.82「License Agreement」に同意して「Next」ボタンを押す

しばらくインストールを待ちます。

図2.83 インストール中

「Done」になったら、「Finish」ボタンを押して完了です。

図2.84 インストールが完了

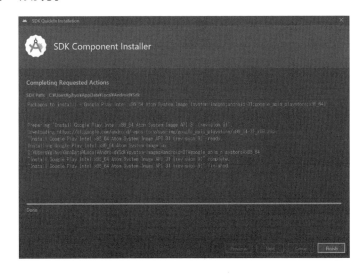

　もとの画面に戻ると、ダウンロードしたOSの横からは「Download」ボタンが消えていると思うので、それを選択したうえで、「Next」ボタンを押してください。
　これで、AndroidエミュレータのデバイスとOSを決めることができました。

図2.85 OSを選択して「Next」ボタンを押す

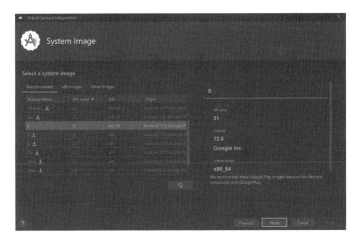

　最後の画面で内容を確認し、「Finish」ボタンを押して、完了です。

図2.86「Finish」ボタンを押す

無事追加されると、「Device Manage」に表示されます。

図2.87 エミュレータが表示される

右のほうにある再生ボタンのような三角ボタンを押して、起動しましょう。

図2.88 起動ボタンを押す

無事起動すると、図2.89 のように表示されます。

図2.89 エミュレータが起動

　最後に、このデバイスに対してアプリをビルドします。図2.90 の四角く囲まれているエリアがデバイス指定をする場所です。先ほどインストールしたものを指定してください（名前が微妙にちがったりするのですが、明らかに「Android Emulator」だとわかるとは思うので、そちらを選択してください）。

　そのうえで、右側にある再生ボタンを押してビルドします。

図2.90 エミュレータに対してビルドボタンを押す

しばらくビルドを待つと、図2.91の左側のように、デフォルトのカウントアプリが起動されます！

図2.91 無事エミュレータにデフォルトのカウンターアプリが表示される

以上で、Windowsの環境構築は完了です！！

第 **3** 章

Flutterで画面を
作ってみよう

第2章までで環境構築が完了したと思います。あと
は、Flutterを用いてアプリを作っていくだけです。
実は、環境構築のハードルに比べると、Flutterで画
面を組むのは簡単です。本章では、その簡単さを体感
していただければと思います。

Widgetの基本的な使い方

Flutterにおける Widget とは、**画面を作っていくパーツのこと**です。本節では、Flutter の特徴である Widget の具体的な使い方について学んでいきます。

3.1.1 Widget の種類

Widget にはさまざまな種類があります。いろんな分類の仕方はありますが、今回はデザインのテイストで分ける方法から紹介し、そのほかのパターンもいくつか紹介したいと思います。

3.1.2 デザインのテイストで分ける Widget の種類

デザインのテイストで分ける場合、Widget には Android アプリらしい「**Material**」系統のWidget と、iOS アプリらしい「**Cupertino**」系統の Widget があります。

それぞれ、Android で使わなければいけない、iOS で使わなければいけない、というわけではないのですが、Android のネイティブである Kotiln や Java で開発したときにデフォルトで用意されている Widget が Material デザインに沿ったデザインであり、それに近い系統の Widget を使うと、今までの Android アプリと同じような見た目にできるという意味があります。

Flutter は iOS も Android も作れるクロスプラットフォーム対応のフレームワークなので、Android のらしく作ったとしても、それを iOS アプリにそのまま適用してリリースできるし、逆も然りです。その意味で、どのテイストで統一していくのか、というのは考える必要があります。

Material 系統の Widget を使ったサンプル

例えば、Flutter プロジェクトを作って最初に現れるカウンターアプリは、Material 系統のWidget を使ったサンプルといえるでしょう。

わかりやすい特徴の 1 つとしては、図 3.1 の右下のボタンのような、影のあるボタンデザインです。マテリアルという名前のとおり、現実の素材を意識したデザインになっており、紙の上に物質が重なっていく様子を影を用いて表現しているデザインです。

図3.1　カウンターアプリのFloatingActionButton

　次のコードが、図3.1のスクリーンショットのコードです。MaterialAppの中にScaffold
があり、FloatingActionButtonなどのMaterial特有のWidgetを使っています（特にコー
ドをここで理解する必要はないです！）。

```dart
import 'package:flutter/material.dart';

class MaterialSampleApp extends StatelessWidget {
  const MaterialSampleApp({super.key});

  @override
  Widget build(BuildContext context) {
    return MaterialApp(
      title: 'Flutter Demo',
      theme: ThemeData(
        colorScheme: ColorScheme.fromSeed(seedColor: Colors.
deepPurple),
        useMaterial3: true,
      ),
      home: const MyHomePage(),
    );
  }
}
```

```dart
class MyHomePage extends StatefulWidget {
  const MyHomePage({super.key});

  @override
  State<MyHomePage> createState() => _MyHomePageState();
}

class _MyHomePageState extends State<MyHomePage> {
  int _counter = 0;

  void _incrementCounter() {
    setState(() {
      _counter++;
    });
  }

  @override
  Widget build(BuildContext context) {
    return Scaffold(
      appBar: AppBar(
        backgroundColor: Theme.of(context).colorScheme.
inversePrimary,
        title: const Text('Flutter Demo Home Page'),
      ),
      body: Center(
        child: Column(
          mainAxisAlignment: MainAxisAlignment.center,
          children: <Widget>[
            const Text(
              'You have pushed the button this many times:',
            ),
            Text(
              '$_counter',
              style: Theme.of(context).textTheme.headlineMedium,
            ),
          ],
        ),
      ),
```

```
      floatingActionButton: FloatingActionButton(
        onPressed: _incrementCounter,
        tooltip: 'Increment',
        child: const Icon(Icons.add),
      ),
    );
  }
}
```

🖋 **Cupertino 系統の Widget を使ったサンプル**

次に、先ほどのカウンターアプリを、iOS らしいデザインである、Cupertino 系統のデザインに変えてみましょう。その場合、`MaterialApp` に対して `CupertinoApp` を使い、`Scaffold`に対して `CupertinoPageScaffold` を使うことになります。

`CupertinoPageScaffold` には、`floatingActionButton` のパラメータがないので、自前で上にボタンを重ねるデザインを作らない限りは、簡単に右下にボタンを浮かせることができません[1]。

Cupertino 系統でデザインする場合は、図 3.2 のようなプラスボタンを、数字を表示している UI の下にそのまま配置するのが自然になります。

図3.2 Cupertino系統のボタン

---

* 1　パラメータとは Widget がどんなものか表す情報のことです。

現在の Cupertino 系の Widget は、フラットデザインを基本にしているように思われます。しかし、iOS もバージョンごとにデザインをアップデートしており、iOS といえばフラットデザインと一概にいえるわけではありません。

もともと iOS が踏襲していたフラットデザインには影がありませんでしたが、本書を執筆している 2023 年 10 月現在の iOS17 では影を使って重なりを表現しています。

♪ どっちを使うべきなのか？

Widget の種類は Material 系統の Widget のほうが豊富なため、Android も iOS もどちらも Material 系統の Widget を使って開発することが多いです。

本書も MaterialApp 系統の Widget を使って解説していきます。

3.1.3 その他の分類方法

さらに Widget は、次のように分類することもできます。

- 画面レイアウトを組むための、画面に表示される Widget
- 画面レイアウトを組むが、自身は画面に表示されない Widget
- ボタンなどの見た目以外の機能も持つ Widget

3.1.4 画面レイアウトを組むための、画面に表示される Widget

デフォルトのカウンターアプリにも入っている **Scaffold** や **Text** は、見た目をデザインするための画面上に実際に表示される Widget です。

3.1.5 画面レイアウトを組むが、自身は画面に表示されない Widget

Center や **Column** は子 Widget をレイアウトをするための画面上には表示されない Widget です[2]。

3.1.6 ボタンなどの見た目以外の機能も持つ Widget

ElevatedButton などのボタン系の Widget や、TextField などの入力系 Widget など、ユーザーがなんらかの動作を及ぼせる Widget もあります。この手の Widget が、画面レイアウトを組むためだけの Widget とちがう点は、Dart でロジックを書けるということです。

例えば、画面右下に浮いているようなボタンの Widget である FloatingActionButton であれば、onPressed というパラメータを追加して、ロジックを書くことができます。

---

[2] Widget は、種類によっては子 Widget を持つことができます。マトリョーシカのように Widget の中に Widget、その中にまた Widget というように、Widget を入れ子にしていくことができます。

次のコードでは、onPressed の中に、(){}という関数が入っていて、その中の {} に、counter の数を 1 つ増やすためのロジックが書いています。

この中には Dart のコードを書くことができます。FloatingActionButton の onPressed の場合は、**ボタンを押されたときに実行するコード**を書くことができるのです。

```
floatingActionButton: FloatingActionButton(
  onPressed: () {
    setState(() {
      _counter++;
    });
  },
  child: const Icon(Icons.add),
),
);
```

筆者の私の感覚では、Widget 自体は Flutter の用意してくれた画面を組むためのパズルであり、そのパズルの中には Dart を実行できるような機能を持つものがあるという考え方をしています。あくまで、Widget はパズルだと考えると、プログラミングと考えるよりも簡単にできる気がします。

本節では、Dart が書ける Widget の登場は極力避け、単純にレイアウトを組んで、画面に表示される Widget と、それをサポートする Widget にのみにフォーカスします。**これにより、まずはパズルにフォーカスしましょう。**第 5 章でまた Dart が書ける Widget も登場しますので、お楽しみに。

3.1.7 Widget 実装の基本

それでは、ここから Widget の基礎について学んでいきましょう。環境構築で作ったプロジェクトと照らし合わせながら、値を変えてみたりすると、学びが深まるかもしれません。

Widget には、それぞれの Widget ごとにパラメータがあらかじめ用意されており、色を変えたり、大きさを調整したり、さらに Widget を追加したりなど、すべて Widget が持つパラメータに書いていきます。パラメータとは Widget がどんなものか表す情報のことです。

例えば、図 3.3 の画面は次のコードで構成されています。

図3.3　**画面例**

```
Scaffold(
  backgroundColor: Colors.yellow,
  body: Center(
    child: Text(
      'Welcome to KBOYs Flutter University!!',
      style: TextStyle(color: Colors.blue),
    ),
  ),
);
```

それぞれ次のようにパラメータに必要な Widget を設定します。

- Scaffold：①パラメータ **backgroundColor** で背景色を黄色に指定、②パラメータ **body** に **Center** を設置
- Center：パラメータ **child** に **Text** を設置
- Text：パラメータ **style** に **TextSyle** を設置
- TextStyle：パラメータ **color** で文字の色を青に指定

そのため、Widget を把握することと、その Widget がどんなパラメータを持っていて、どんな振る舞いをするかを把握することが、非常に大事な要素となります。
　ちなみに、パラメータは「body」、「child」、「appBar」といったように、小文字から始まりま

す。これをローワーキャメルケース (lowerCamelCase) と呼びます。小文字でスタートするラクダのように、ボコボコした連結の仕方です。「lower」と小文字で始まり、「Camel」と「Case」というひとつひとつの単語が大文字で始まります。たまに大文字が出てくることで、ボコボコした見た目になり、「Camel (ラクダ)」と表現しているというわけです。

また、Widget は「Text」、「Container」といったように大文字から始まる「UpperCamelCase」というルールで用意されています。パラメータとのちがいは、大文字からスタートすることです。この小文字か大文字かという書き方をしっかりマスターして書けていると、初心者感がなくなりますので、本書の読者であるみなさんはぜひマスターしていただければと思います。

Android Studio の場合、キーボードで Control + Space と打つと、図 3.4 のように追記可能なパラメータを確認することができます。Widget それぞれに用意されているパラメータはちがうことに注意です[*3]。

図3.4　追記可能なパラメータを表示

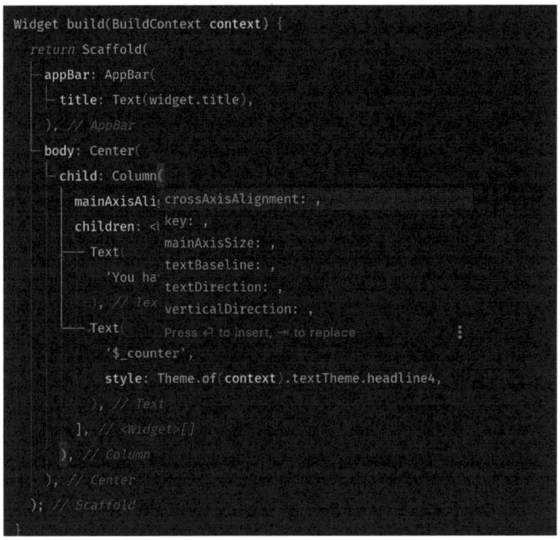

よくある質問で、「**Column に child を書いたんですがエラーが出ます**」というものがあります。慣れてくると「**それはそうだろ！**」と思うようになるのですが、最初はわからなくても仕方がありません。プログラミングが魔法のように見えるからです。実際は、プログラミング言語も誰かが作ったものなので、用意してくれてないものは書けません。

本題に戻ると、それぞれの Widget には書けるパラメータ、書けないパラメータがあるので気

[*3] US キーボードを使ってる方などで、文字変換が起こる方は、「システム設定→キーボード→キーボードショートカット→入力ソース→前の入力ソースを選択のチェック」を外して完了を押したあと、「再起動」を行いましょう。

をつけましょう。「Column」や「Raw」は複数の要素を縦や横に並べる Widget なので、「child（子ども）」ではなく、「children（子どもたち）」がパラメータになる、という具合です。また、「Text」には文字を入れられるけれど、「Center」には入れることができない、といった具合です。

3.1.8 Widget の実装

それでは、基本がわかったところで、プロジェクトを新規作成したときのカウンターアプリをベースに、Widget を実装してみましょう。

プロジェクト作成時の初期コードと画面は次のようになっています（2023 年 11 月 15 日最新版の Flutter 3.16.0 現在）。

```dart
import 'package:flutter/material.dart';

void main() {
  runApp(const MyApp());
}

class MyApp extends StatelessWidget {
  const MyApp({super.key});

  // This widget is the root of your application.
  @override
  Widget build(BuildContext context) {
    return MaterialApp(
      title: 'Flutter Demo',
      theme: ThemeData(
        // This is the theme of your application.
        //
        // TRY THIS: Try running your application with "flutter run". You'll see
        // the application has a blue toolbar. Then, without quitting the app,
        // try changing the seedColor in the colorScheme below to Colors.green
        // and then invoke "hot reload" (save your changes or press the "hot
        // reload" button in a Flutter-supported IDE, or press "r" if you used
```

```
        // the command line to start the app).
        //
        // Notice that the counter didn't reset back to zero; the
application
        // state is not lost during the reload. To reset the state,
use hot
        // restart instead.
        //
        // This works for code too, not just values: Most code
changes can be
        // tested with just a hot reload.
        colorScheme: ColorScheme.fromSeed(seedColor: Colors.
deepPurple),
        useMaterial3: true,
      ),
      home: const MyHomePage(title: 'Flutter Demo Home Page'),
    );
  }
}

class MyHomePage extends StatefulWidget {
  const MyHomePage({super.key, required this.title});

  // This widget is the home page of your application. It is
stateful, meaning
  // that it has a State object (defined below) that contains
fields that affect
  // how it looks.

  // This class is the configuration for the state. It holds the
values (in this
  // case the title) provided by the parent (in this case the App
widget) and
  // used by the build method of the State. Fields in a Widget
subclass are
  // always marked "final".

  final String title;
```

```
  @override
  State<MyHomePage> createState() => _MyHomePageState();
}

class _MyHomePageState extends State<MyHomePage> {
  int _counter = 0;

  void _incrementCounter() {
    setState(() {
      // This call to setState tells the Flutter framework that
something has
      // changed in this State, which causes it to rerun the build
method below
      // so that the display can reflect the updated values. If we
changed
      // _counter without calling setState(), then the build method
would not be
      // called again, and so nothing would appear to happen.
      _counter++;
    });
  }

  @override
  Widget build(BuildContext context) {
    // This method is rerun every time setState is called, for
instance as done
    // by the _incrementCounter method above.
    //
    // The Flutter framework has been optimized to make rerunning
build methods
    // fast, so that you can just rebuild anything that needs
updating rather
    // than having to individually change instances of widgets.
    return Scaffold(
      appBar: AppBar(
        // TRY THIS: Try changing the color here to a specific
color (to
```

```
        // Colors.amber, perhaps?) and trigger a hot reload to see
the AppBar
        // change color while the other colors stay the same.
        backgroundColor: Theme.of(context).colorScheme.
inversePrimary,
        // Here we take the value from the MyHomePage object that
was created by
        // the App.build method, and use it to set our appbar
title.
        title: Text(widget.title),
      ),
      body: Center(
        // Center is a layout widget. It takes a single child and
positions it
        // in the middle of the parent.
        child: Column(
          // Column is also a layout widget. It takes a list of
children and
          // arranges them vertically. By default, it sizes itself
to fit its
          // children horizontally, and tries to be as tall as its
parent.
          //
          // Column has various properties to control how it sizes
itself and
          // how it positions its children. Here we use
mainAxisAlignment to
          // center the children vertically; the main axis here is
the vertical
          // axis because Columns are vertical (the cross axis
would be
          // horizontal).
          //
          // TRY THIS: Invoke "debug painting" (choose the "Toggle
Debug Paint"
          // action in the IDE, or press "p" in the console), to
see the
          // wireframe for each widget.
```

```
        mainAxisAlignment: MainAxisAlignment.center,
        children: <Widget>[
          const Text(
            'You have pushed the button this many times:',
          ),
          Text(
            '$_counter',
            style: Theme.of(context).textTheme.headlineMedium,
          ),
        ],
      ),
    ),
    floatingActionButton: FloatingActionButton(
      onPressed: _incrementCounter,
      tooltip: 'Increment',
      child: const Icon(Icons.add),
    ), // This trailing comma makes auto-formatting nicer for
build methods.
  );
 }
}
```

　先ほどのコードからコメント（`//` が左側にある、実行はしないがコメントだけつけれるもの）を削除すると、次のようなコードになります。

```
import 'package:flutter/material.dart';

void main() {
  runApp(MyApp());
}

class MyApp extends StatelessWidget {
  @override
  Widget build(BuildContext context) {
    return MaterialApp(
      title: 'Flutter Demo',
      theme: ThemeData(
                  colorScheme: ColorScheme.
```

```
fromSeed(seedColor: Colors.deepPurple),
      useMaterial3: true,
    ),
    home: MyHomePage(title: 'Flutter Demo Home Page'),
  );
  }
}

class MyHomePage extends StatefulWidget {
  MyHomePage({Key key, this.title}) : super(key: key);

  final String title;

  @override
  _MyHomePageState createState() => _MyHomePageState();
}

class _MyHomePageState extends State<MyHomePage> {
  int _counter = 0;

  void _incrementCounter() {
    setState(() {
      _counter++;
    });
  }

  @override
  Widget build(BuildContext context) {
    return Scaffold(
      appBar: AppBar(
                    backgroundColor: Theme.of(context).
colorScheme.inversePrimary,
        title: Text(widget.title),
      ),
      body: Center(
        child: Column(
          mainAxisAlignment: MainAxisAlignment.center,
          children: <Widget>[
```

```
        Text(
          'You have pushed the button this many times:',
        ),
        Text(
          '$_counter',
          style: Theme.of(context).textTheme.headlineMedium,
        ),
      ],
    ),
  ),
  floatingActionButton: FloatingActionButton(
    onPressed: _incrementCounter,
    tooltip: 'Increment',
    child: Icon(Icons.add),
  ),
);
}
}
```

　ここより先は、こちらのコードをベースに変更していきながら、Widget について解説してい
きます。

Scaffold

　FlutterOutline で Widget ツリーを確認してみましょう。

図3.5　**Widgetツリー**

　ちなみに、このFlutterOutlineのWidgetツリーは、Android Studioですと右側にデフォルトで用意されていると思います。そこをクリックして展開しましょう。

図3.6　Widgetツリーの場所

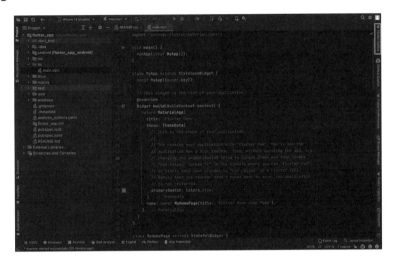

　Widgetツリーを見ると、ScaffoldというWidgetからCenter、AppBar、FloatingActionButtonのWidgetにツリーが派生していますね。この構造をイメージしながらWidgetを組むと、わかりやすいです。

　次に、先ほどのコードを見てみましょう。

```
Scaffold(
  appBar: AppBar(
    backgroundColor: Theme.of(context).colorScheme.inversePrimary,
    title: Text(widget.title),
  ),
  body: Center(
    // 省略
  ),
  floatingActionButton: FloatingActionButton(
    // 省略
  ),
);
```

Scaffoldの中で、appBar、body、floatingActionButtonにそれぞれWidgetを配置しているのがわかります。

そしてこれらのWidgetは、実際の画面上では図3.7のような対応となっています。

図3.7 **Widgetの対応図**

このappBarやbodyなどをScaffoldのパラメータと呼びます。各Widgetにはそれぞれのパラメータが用意されていて、そこにWidgetを当てはめることで、カスタマイズすることができます。

注意点は、用意されたパラメータしか使えないので、すべてのWidgetに対してなんでもカスタマイズできるわけではないということです。行いたいカスタマイズに応じてWidgetを選択して、組み合わせて画面を作っていくことになります。

Scaffoldは、このようにアプリの基本的な画面のレイアウトを構成してくれる機能を持ちます。かなりよく使われるWidgetです。最初は深く考えず、画面を作るときはとりあえずScaffold使っておけば問題ないと思います。

AppBar

続いてAppBarというWidgetを変更し、アプリのタイトル部分をカスタマイズしてみましょう。

図3.8の部分です。

図3.8 **AppBar**

AppBarの中の`title`パラメータの中にある`Text`の中身を変えてみましょう。

```
Scaffold(
  appBar: AppBar(
    backgroundColor: Theme.of(context).colorScheme.inversePrimary,
    title: Text(widget.title),
  ),
  // 省略
);
```

次のように変更すると、タイトルがFlutter大学になります。

```
Scaffold(
  appBar: AppBar(
    backgroundColor: Theme.of(context).colorScheme.inversePrimary,
    title: Text('Flutter大学'),
  ),
  // 省略
);
```

図3.9 **AppBarのタイトルが「Flutter大学」に**

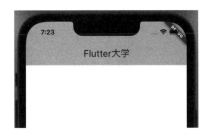

また、AppBar にアイコンを追加してみたいと思います。次のように、**actions** パラメータに **Icon** を 2 つ追加します。

```
appBar: AppBar(
  backgroundColor: Theme.of(context).colorScheme.inversePrimary,
  title: Text(widget.title),
  actions: [
    Icon(Icons.add),
    Icon(Icons.share),
  ],
),
```

すると図 3.10 のように、右側に 2 つのアイコンが並びました。

図3.10　**AppBarの右側に2つのアイコンが並ぶ**

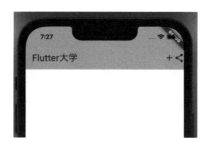

今回は Icon を並べましたが、TextButton や Text の Widget も追加することができるので、いろいろ試してみてください。

Column

次は、Scaffold の body パラメータの中身をいじりながら、Column という Widget を紹介したいと思います。

body 部分は現在次のようになっています。

```
body: Center(
child: Column(
    mainAxisAlignment: MainAxisAlignment.center,
    children: <Widget>[
      Text(
        'You have pushed the button this many times:',
```

```
      ),
      Text(
        '$_counter',
        style: Theme.of(context).textTheme.headlineMedium,
      ),
    ],
  ),
),
```

表示は図3.11のようになっています。

図3.11　body部分の表示

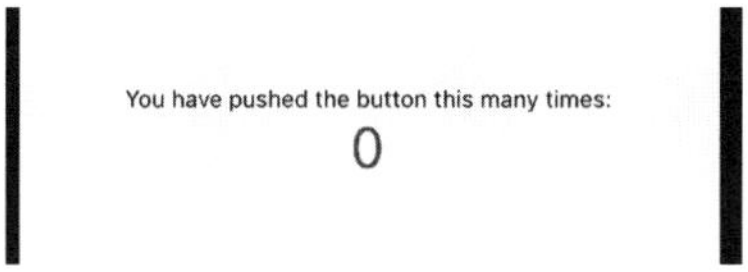

今は、You have pushed the button this many times:と書いているText
と、0と書いているTextの2つのTextウィジェットがColumnの中に入っていて、縦に2つ並
んでいます。

このように、Columnは縦に複数のWidgetを並べて配置するときに使うWidgetで、とても多
用します。

これを例えば次のように変更すると、図3.12のようになります。

```
body: Center(
  child: Column(
    mainAxisAlignment: MainAxisAlignment.center,
    children: <Widget>[
      Text(
        'KBOYさんの説明はわかりやすい',
      ),
      Text(
        'わかる',
      ),
    ],
  ),
),
```

図3.12　**テキストを変更**

複数の Widget を , で区切って配置してみましょう。

ちなみに、Column のパラメータの `mainAxisAlignment: MainAxisAlignment.center` の部分は、中央寄せという意味を持ちます。

これを例えば、`MainAxisAlignment.start` に変更してみると、図3.13のように上寄せになります。

図3.13　**上寄せに**

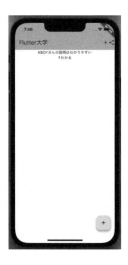

ほかにも MainAxisAlignment には種類があるので、いろいろいじってみてください。

Row

次は、Column に似た Row について紹介します。

先ほどの Column の部分を Row に変更してみましょう。コードは次のようになります。

```
body: Center(
  child: Row(
    mainAxisAlignment: MainAxisAlignment.start,
    children: <Widget>[
      Text(
        'KBOYさんの説明はわかりやすい',
      ),
      Text(
        '↑わかる',
      ),
    ],
  ),
),
```

すると、プレビューとしては図 3.14 のようになります。

図3.14　Rowを使用

先ほどは縦に並んでたのに対して、横並びになりました。

このように、縦に並べたいときと横に並べたいときで使い分けていきましょう。

- Column は縦並びに複数の Widget を配置できる Widget
- Row は横並びに配置できる Widget

β Padding

次は、周りに余白を作る Widget の Padding を紹介したいと思います。

今は文字が画面の横にギリギリで張り付いてしまって、なんかかっこ悪いですよね。適度にまわりに余白を作って、見やすくしたほうがよいと思いませんか？

そこで使うのが Padding です。

Row の左にカーソルを合わせつつ、キーボードで option + Enter を押してください。これで簡単に上から Widget を囲むことができます。ここで「Wrap with Padding」を選択しましょう。

図3.15 「**Wrap with Padding」を押す**

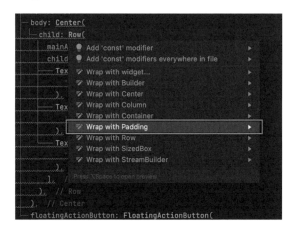

囲むことができたら、図3.16のようになるはずです。とりあえず、左に8.0の余白が空いたのが確認できるかと思います。

図3.16　**左に8.0の余白が空く**

　もっと余白を開けたい場合は、Paddingの中のpaddingパラメータのEdgeInsets. all(8.0)の8.0をもっと大きくすればOKです。

　例えば32にすると、図3.17のようになります[4]。

図3.17　**左に32.0の余白が空く**

---

[4]　32は筆者の年齢という意味ではないです。余白は4の倍数で表現することが多いです。

β Container

今度は先ほどと同様にして、Padding をさらに Container で囲んでみましょう。
すると、次のようなコードになります。

```
body: Center(
  child: Container(
    child: Padding(
      padding: const EdgeInsets.all(32),
      child: Row(
        mainAxisAlignment: MainAxisAlignment.start,
        children: <Widget>[
          Text(
            'KBOYさんの説明はわかりやすい',
          ),
          Text(
            '↑わかる',
          ),
        ],
      ),
    ),
  ),
),
```

ここで、Container のパラメータの color をいじって、色を赤くしてみます。

```
body: Center(
  child: Container(
    color: Colors.red,
    child: Padding(
      // 省略
    ),
  ),
),
```

図3.18 **背景色を赤くする**

　ちなみにContainerには、width（幅）やheight（高さ）のようなサイズを指定するパラメータもあります。

　例えば、`height`を400と指定すると、次のようになります。

```
body: Center(
  child: Container(
    color: Colors.red,
    height: 400,
    child: Padding(
      // 省略
    ),
  ),
),
```

図3.19　heightを400に指定

　赤い部分の高さが変わりました。Containerは赤い部分なので、そのContainerの高さが400になって高くなりました。

　ちなみに、`height: double.infinity` にすると、高さは画面最大になって画面すべてが赤くなります。

図3.20　height: double.infinity

　widthも同様の要領で変更できるので、試してみてください。

3.2 画面遷移

　ここまでで、少しずつパラメータを変えて、画面の見た目を変えるということができるようになったと思います。

　次は、画面から画面に遷移してみましょう。

　例えば、X（旧 Twitter）のようなアプリは、みんなの投稿を見るフィード画面と、自分が投稿する画面は別で、フィード画面からボタンを押して投稿画面に遷移すると思います。この画面から画面への移動が画面遷移です。

　今回は、この画面遷移を学んでいきましょう。

3.2.1 コードの整理

　前回の続きで進めていきますが、いろいろな Widget を配置して煩雑になってしまっているので、`Widget build(BuildContext context)` 関数部分のコードを一旦シンプルに整理しましょう。

　次のようにしました。

```
@override
Widget build(BuildContext context) {
  return Scaffold(
    appBar: AppBar(
      backgroundColor: Theme.of(context).colorScheme
.inversePrimary,
      title: Text('Flutter大学'),
    ),
    body: Center(
      child: Container(),
    ),
    floatingActionButton: FloatingActionButton(
      onPressed: _incrementCounter,
      tooltip: 'Increment',
      child: Icon(Icons.add),
    ),
  );
}
```

画面は図 3.21 のような状態です

図3.21　bodyを一旦クリアに

ここからカスタマイズしていきます。

3.2.2 ボタンを配置

まずは、ボタンを押したら画面遷移するというコードを書いていきたいと思います。
次の部分のコードを変更します。

```
body: Center(
  child: Container(),
),
```

次のように、Container から ElevatedButton に変更してみましょう。onPressed パラ
メータには、(){} というカッコを書きます。

```
child: ElevatedButton(
  child: Text('次へ'),
  onPressed: () {},
),
```

図 3.22 のようにボタンが表示されます。

図3.22 ElevatedButtonを表示

　引き続き、ボタンを押したときに呼ばれるコードを書いていきます。

　まずは、わかりやすくするためにコメントを書いてみます。

```
child: ElevatedButton(
  child: Text('次へ'),
  onPressed: () {
    // ここにボタンを押したときに呼ばれるコードを書く
  },
),
```

　//を書くと、その行に書く内容は、コードとして認識されなくなります。メモなどをするのに便利です。今回は、どこに何を書くか整理しながらコードを書くために、// ここにボタンを押した時に呼ばれるコードを書く というコメントを書いてみました。

　あとで、この部分に**画面遷移する**という指示を与えるコードを書きます。

　では、一旦ボタンのコードはここで止めて、遷移先の画面を作っていきましょう。

3.2.3 画面を作成

　新しいDartファイルを作りましょう。

　libディレクトリの中にマウスを合わせ、右クリックして「New > Dart File」を選択します。

図3.23　「**New > Dart File**」を選択

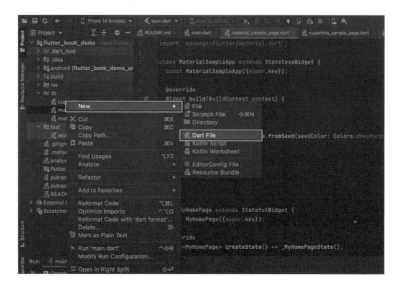

　そして、ファイル名を入力します。名前は、「next_page」などにしておきましょう。ちなみに
dart のファイル名は小文字で、区切りを「_」で行う、「snake_case[5]」で書くのが一般的です

図3.24　「**next_page**」と入力

　「next_page.dart」ができたら、この中に「NextPage」という class を作っていきましょう。

＊5　すべて小文字で、単語と単語の繋ぎ目を「_」（アンダーバー）でつなぐ書き方を「snake_case」（スネークケース）と呼びます。

図3.25 「next_page」が作成された直後

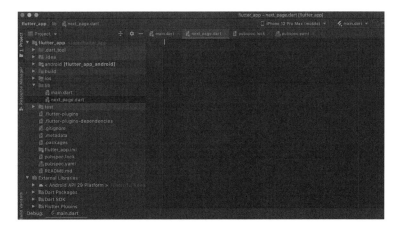

このように、StatelessWidget に準拠した NextPage というクラスを作ってみましょう

```
class NextPage extends StatelessWidget {

}
```

StatelessWidget を書くと、自動で次のようにインポートの候補が表示されると思います。3つほど候補出てきますが、「material.dart」と書かれたものを選ぶと、このあとがスムーズです。

図3.26 「material.dart」の「StatelessWidget」を選択

すると、図3.27 の状態になります。

図3.27 「NextPage」に赤い波線が入る

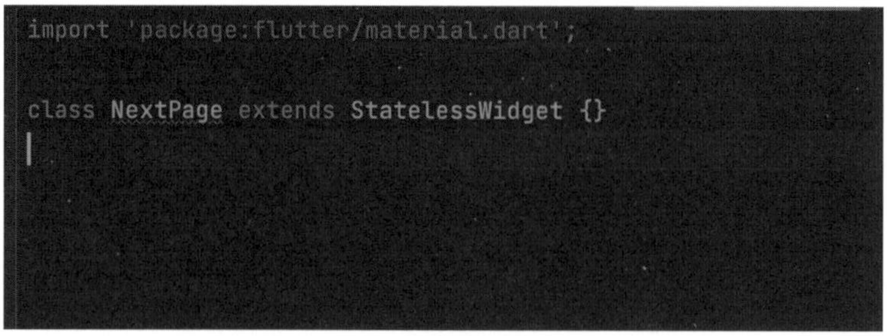

```
import 'package:flutter/material.dart';

class NextPage extends StatelessWidget {}
```

　このままだと NextPage に赤い波線が入ったままなので、NextPage という文字の上にマウスを合わせて、「Create 1 missing override(s)」を押します。

図3.28 「Create 1 missing override(s)」を押す

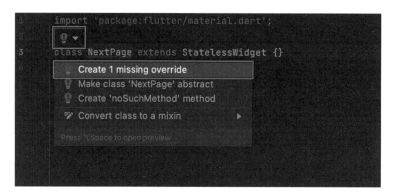

　すると、StatelessWidget で必要な **build 関数**が自動的に生成されます。ちなみに build 関数は、画面に表示する Widget を定義する大事な関数です。これなしで画面を作ることはできません。

図3.29 build 関数の生成

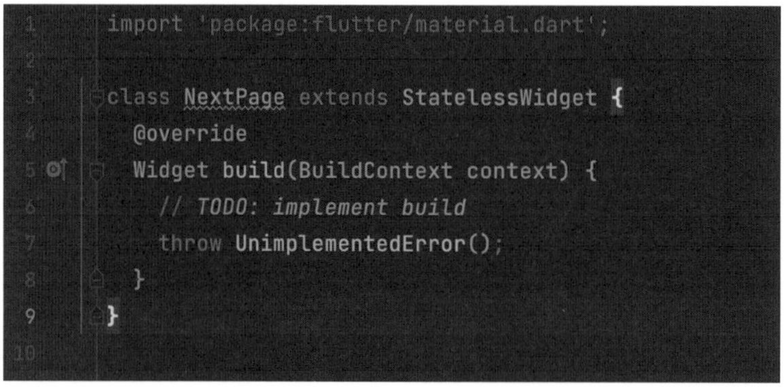

```
import 'package:flutter/material.dart';

class NextPage extends StatelessWidget {
  @override
  Widget build(BuildContext context) {
    // TODO: implement build
    throw UnimplementedError();
  }
}
```

現在は次のような状態です。

```
import 'package:flutter/material.dart';

class NextPage extends StatelessWidget {
  @override
  Widget build(BuildContext context) {
    // TODO: implement build
    throw UnimplementedError();
  }
}
```

では、このbuild関数の中に、「main.dart」にもともと書いてあったScaffoldのコードを真似して、Scaffoldを書いていきます。

まずは、次のようにappBarとbodyだけを書いてみました。さらに今回は赤いContainerをbodyに入れています。

```
import 'package:flutter/material.dart';

class NextPage extends StatelessWidget {
  @override
  Widget build(BuildContext context) {
    return Scaffold(
      appBar: AppBar(
        title: Text('Flutter大学'),
      ),
      body: Container(
        color: Colors.red,
      ),
    );
  }
}
```

画面がざっくりできたので、「main.dart」に戻り、**「ボタンを押したら画面遷移をする」**というコードを書いていきましょう！

3.2.4 画面遷移のコード

公式ドキュメント[6]にある、次のコードを参考にしていきます。

```
// Within the `FirstRoute` widget
onPressed: () {
  Navigator.push(
    context,
    MaterialPageRoute(builder: (context) => SecondRoute()),
  );
}
```

これの onPressed の中身をコピペして、「main.dart」のボタン押したら呼ばれるコードの部分に貼り付けましょう。

```
@override
  Widget build(BuildContext context) {
    return Scaffold(
      appBar: AppBar(
        backgroundColor: Theme.of(context).colorScheme
.inversePrimary,
        title: const Text('Flutter大学'),
      ),
      body: Center(
        child: ElevatedButton(
          child: Text('次へ'),
          onPressed: () {
            // ここにボタンを押した時に呼ばれるコードを書く
            Navigator.push(
              context,
              MaterialPageRoute(builder: (context) => NextPage()),
            );
          },
        ),
      ),
      floatingActionButton: FloatingActionButton(
```

---

[6] https://flutter.dev/docs/cookbook/navigation/navigation-basics

```
      onPressed: _incrementCounter,
      tooltip: 'Increment',
      child: const Icon(Icons.add),
    ),
  );
}
```

ついでに SecondRoute は NextPage に変えました。

このとき、図3.30 のように NextPage に赤波線が表示されているかもしれません。

図3.30　NextPageに赤波線が表示される

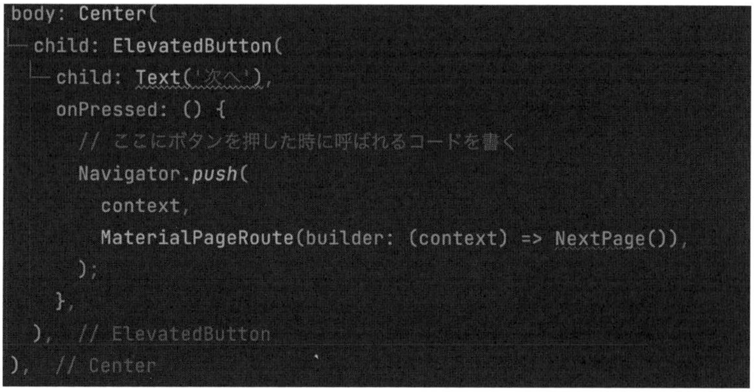

```
body: Center(
  child: ElevatedButton(
    child: Text('次へ'),
    onPressed: () {
      // ここにボタンを押した時に呼ばれるコードを書く
      Navigator.push(
        context,
        MaterialPageRoute(builder: (context) => NextPage()),
      );
    },
  ), // ElevatedButton
), // Center
```

　これを消すには、先ほどと同じ要領で、NextPage の上にカーソルを合わせて、「next_page.dart」をインポートします。インポート候補の上から2つはどちらも同じファイルをインポートする文です。同じディレクトリ（フォルダ）にdartファイルがあるときは、上のインポート文のように省略して書くことができます。基本的には短いほうでよいでしょう。

図3.31　インポート

```
        // ここにボタンを押した時に呼ばれるコードを書く
        Navigator.push(
          context,
          MaterialPageRoute(builder: (context) => NextPage()),
  Import library 'new_page.dart'
  Import library 'package:flutter_book_demo/new_page.dart'
  Create class 'NextPage'
  Create method 'NextPage'
  Create function 'NextPage'
Press ⌥Space to open preview
        tooltip: 'Increment',
        child: const Icon(Icons.add),
```

　無事インポートできると、赤波線が消えます。これで「NextPage」に飛べるようになったはずです。

　実際にボタンを押してみましょう！

画面遷移前

図3.32　赤い画面に画面遷移する前

画面遷移後

図3.33　赤い画面に画面遷移した後

　画面遷移ができましたね！！

3.3 次の画面に値を渡す

実践的なアプリになってくると、入力した値によって次の画面の見た目が変わったり、ログインしているかによって遷移する画面が変わったりします。そういった処理を行うための基礎を学んでいきましょう。

まずは、**画面の値を次の画面に渡す**ということを行なっていきます。

3.3.1 画面遷移のおさらい

現在は次のような状態になっていると思います。

```dart
@override
Widget build(BuildContext context) {
  return Scaffold(
    appBar: AppBar(
      backgroundColor: Theme.of(context).colorScheme
.inversePrimary,
      title: Text('Flutter大学'),
    ),
    body: Center(
      child: ElevatedButton(
        child: Text('次へ'),
        onPressed: () {
          // ここにボタンを押した時に呼ばれるコードを書く
          Navigator.push(
            context,
            MaterialPageRoute(builder: (context) => NextPage()),
          );
        },
      ),
    ),
    floatingActionButton: FloatingActionButton(
      onPressed: _incrementCounter,
      tooltip: 'Increment',
      child: Icon(Icons.add),
    ),
  );
}
```

前節で、次のコードを書きましたね。

```
child: ElevatedButton(
  child: Text('次へ'),
  onPressed: () {
    // ここにボタンを押した時に呼ばれるコードを書く
    Navigator.push(
      context,
      MaterialPageRoute(builder: (context) => NextPage()),
    );
  },
),
```

ElevatedButton の onPressed パラメータの中に、**ボタンを押した場合に実行するコード**を書いて、次の画面に遷移することができています。

次は、このコードに少し付け加えて、値を渡せるようにしていきます。

3.3.2 画面遷移のコードで値を渡す

今から、コードの Before と After を見せますので、どこが変わったか当ててみてください。

Before

```
Navigator.push(
  context,
  MaterialPageRoute(builder: (context) => NextPage()),
);
```

After

```
Navigator.push(
  context,
  MaterialPageRoute(builder: (context) => NextPage('KBOYさん')),
);
```

どこが変わったかわかりましたか？

正解は、**NextPage() が NextPage('KBOY さん ') に変わった**です。つまり、NextPage() の ( ) の中に値を入れます。

この**カッコのなかに値を入れることで渡せる**という感覚をなんとなくつかんでほしいと思います。今回は「KBOY さん」という文字列を入れましたが、数字や、自作クラスなども渡すことができます。

ただ、**現状のままだとエラーが出ます。値を渡される NextPage のほうを何も変更してないからです。値を渡すためには、受け取れるようなコードに書き換えなければいけません。**

次は NextPage を変更していきましょう。

3.3.3 イニシャライザ

先ほど、もともと NextPage() としてたところを、NextPage('KBOY さん') にしましたね。

ここで、NextPage() というのは、新しい「NextPage」を作り出しているということを学んでほしいと思います。

例えば、次のような 2 つの NextPage を作ったと想定しましょう。

```
final one = NextPage();
final two = NextPage();
```

この場合、NextPage というクラスの実体は one と two の 2 つ生み出されます。画面が 2 つ作られたとイメージするとよいかもしれません。

まず、NextPage として、次のように定義します。

```
class NextPage extends StatelessWidget {
  // 省略
}
```

それを次のように書くことで、実態を生み出してるというわけです。

```
final one = NextPage();
```

「**人間という定義**」と「**藤川 (筆者の苗字) という実在の人間**」の関係性といえばわかりやすいですかね？

この実体化することをプログラミング用語で初期化や**イニシャライズ**といいます。そして、イニシャライズするための定義関数をイニシャライザ (コンストラクタ) といいます。

クラスのイニシャライザはデフォルトでは、() のカッコだけですが、**("KBOY さん") のように「必ず文字列を渡してイニシャライズしなければならない」という定義をすることもできます**。これで前の画面から値をもらってくることを保証し、画面に表示したりできるというわけです。

それでは次に、NextPage のイニシャライザを変更することで、値を渡さないと NextPage が作り出せないという状況を作ります。

3.3.4 **NextPage のイニシャライザを変更**

`next_page.dart` に移動します。

今、`next_page.dart` の NextPage クラスは次のようになっていますね。

```
class NextPage extends StatelessWidget {
  @override
  Widget build(BuildContext context) {
    return Scaffold(
      appBar: AppBar(
        backgroundColor: Theme.of(context).colorScheme
.inversePrimary,
        title: Text('Flutter大学'),
      ),
      body: Container(
        color: Colors.red,
      ),
    );
  }
}
```

ここに、イニシャライザを書いていきましょう。

```
class NextPage extends StatelessWidget {
  // ここにイニシャライザを書く

  @override
  Widget build(BuildContext context) {
    return Scaffold(
      appBar: AppBar(
        backgroundColor: Theme.of(context).colorScheme
.inversePrimary,
        title: Text('Flutter大学'),
      ),
      body: Container(
        color: Colors.red,
```

```
      ),
    );
  }
}
```

結論からいうと、次のように書きます。

```
class NextPage extends StatelessWidget {
  // ここにイニシャライザを書く
  NextPage(this.name);
  String name;

  @override
  Widget build(BuildContext context) {
    return Scaffold(
      appBar: AppBar(
        backgroundColor: Theme.of(context).colorScheme
.inversePrimary,
        title: Text('Flutter大学'),
      ),
      body: Container(
        color: Colors.red,
      ),
    );
  }
}
```

ここで、`NextPage(this.name);`がイニシャライザで、`String name;`が変数です。受け取ったKBOYさんという文字列を受け取る**箱**というとわかりやすいでしょうか。

ここでやっていることは、**nameという変数に文字列を入れるイニシャライザを作った**、ということです。

実は、何も書かなくてもデフォルトで`NextPage()`というイニシャライザは定義されています。これを、`NextPage(this.name)`に書き換えることで、**NextPageを新たに作るときには、文字列を渡さなければいけなくなりました。**

最後に、次のように`Container`の`child`に`Text`を追加して、その中身を`name`に指定してあげると、画面遷移先で前の画面からもらったKBOYさんという文字列を表示できます。

```
class NextPage extends StatelessWidget {
  NextPage(this.name);
  String name;

  @override
  Widget build(BuildContext context) {
    return Scaffold(
      appBar: AppBar(
        backgroundColor: Theme.of(context).colorScheme
.inversePrimary,
        title: Text('Flutter大学'),
      ),
      body: Container(
        color: Colors.red,
        child: Text(name), // ここでnameを使う
      ),
    );
  }
}
```

　もちろん、この文字列は前の画面から「東京大学」と渡せば「東京大学」と表示されるし、「麻婆豆腐」と渡せば「麻婆豆腐」と表示されます。

画面遷移前

図3.34　「KBOYさん」の背景色が赤い画面に遷移する前

110

 **画面遷移後**

図3.35　「KBOYさん」の背景色が赤い画面に遷移した後

　この値を渡すという処理は、例えばニュース一覧からニュースをタップし、ニュース記事詳細画面に遷移するようなケースで使えます。タップされたニュース記事の情報を次の画面に渡して、詳細を表示するというイメージです。

　次の画面に値を渡す練習はここまでです！

　次は画像を配置して、よりリッチなアプリを作っていきましょう。

3.4　画像の配置

　画像を表示するだけで、グッとアプリがアプリらしくなっていきます。本節では画像の配置の仕方を学んでいきましょう。

3.4.1　前準備

　前回の画面遷移で値を渡すところまでの節で、「main.dart」のbuild関数は次のようになっていると思います。

```
@override
Widget build(BuildContext context) {
  return Scaffold(
    appBar: AppBar(
```

```
      backgroundColor: Theme.of(context).colorScheme
.inversePrimary,
      title: Text('Flutter大学'),
    ),
    body: Center(
      child: ElevatedButton(
        child: Text('次へ'),
        onPressed: () {
          Navigator.push(
            context,
            MaterialPageRoute(builder: (context) => NextPage
('KBOYさん')),
          );
        },
      ),
    ),
    floatingActionButton: FloatingActionButton(
      onPressed: _incrementCounter,
      tooltip: 'Increment',
      child: Icon(Icons.add),
    ),
  );
}
```

余計な物を取り払い、画像の配置にフォーカスしていきたいと思います。

まずは、`floatingActionButton`を消しましょう。

```
@override
Widget build(BuildContext context) {
  return Scaffold(
    appBar: AppBar(
      backgroundColor: Theme.of(context).colorScheme
.inversePrimary,
      title: Text('Flutter大学'),
    ),
    body: Center(
      child: ElevatedButton(
        child: Text('次へ'),
```

```
        onPressed: () {
          Navigator.push(
            context,
            MaterialPageRoute(builder: (context) => NextPage
('KBOYさん')),
          );
        },
      ),
    ),
  );
}
```

ここから続きをやっていきます。

今回は、**ElevatedButtonの上の位置に、画像のWidgetを置く**という方針でいきます。ここまでの勉強で、どのようにWidgetを組むかイメージできますでしょうか？ ちゃんと勉強してきたなら、なんとなくわかってるはずです。

正解は、「**ColumnでElevatedButtonを囲み、ElevatedButtonの上に画像のWidgetを追加する**」です（わからなかった方は、**3.1「Widgetの基本的な使い方」**を復習しましょう）。

3.4.2 Columnで囲んでからImageウィジェットを配置

ElevatedButtonをColumnで囲んでから、ElevatedButtonの上にImageウィジェットを配置しましょう。Image()は一旦仮です。

現在の構成は、簡略化すると次のようなイメージになります。

```
Column(
  children: [
    Image(),
    ElevatedButton(),
  ],
)
```

build関数全体としては次のようになります。

```
@override
Widget build(BuildContext context) {
  return Scaffold(
```

```
    appBar: AppBar(
      backgroundColor: Theme.of(context).colorScheme
.inversePrimary,
      title: Text('Flutter大学'),
    ),
    body: Center(
      child: Column(
        children: [
          Image(),
          ElevatedButton(
            child: Text('次へ'),
            onPressed: () {
              Navigator.push(
                context,
                MaterialPageRoute(builder: (context) =>
NextPage('KBOYさん')),
              );
            },
          ),
        ],
      ),
    ),
  );
}
```

　ちなみにこの状態だと、コードにエラーが出ていると思います。画像に対して、URLや画像のパスを指定してないからです。

図3.36　Imageに赤い波線が入る

```
body: Center(
  child: Column(
    children: [
      Image(),
      ElevatedButton(
        child: Text('次へ!'),
        onPressed: () {
          // ここにボタンを押した時に呼ばれるコードを書く
          Navigator.push(
            context,
            MaterialPageRoute(builder: (context) => NextPage('Flutter大学')),
          );
        },
      ), // ElevatedButton
    ],
  ), // Column
```

では、画像に対して、URLや画像のパスを指定していきましょう。

3.4.3　Image のドキュメントを確認

ここで、筆者の私からやり方を教えるのではなく、Flutter公式ドキュメントを見ながら真似するという方法を紹介しておきたいと思います。

　Widget catalog[7]の中から「**Assets, images, and icon widgets**」を選択して、画像の配置方法について調べていきましょう。

図3.37　Assets, images, and icon widgets

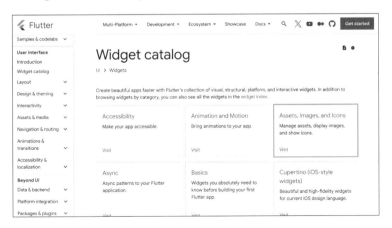

＊7　https://flutter.dev/docs/development/ui/widgets

公式ドキュメントを見ることができるようになると、自学自習が格段に効率よくなるので、ぜひ覚えてください。最新情報は英語で出るので、日本語教材がないとコードが書けない人になってしまうと、どこかで必ず行き詰まってしまいます。最初はAIの翻訳などを使ってでもよいので、英語の記事を読むことになれていきましょう。

では、続けていきます。

ドキュメントを見てみると、次のように4種類表示されているので、この中から「**Image**」を選びましょう。

図3.38　「**Image**」を選択

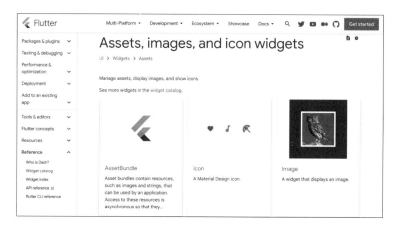

次に紹介していく方法は、この公式ドキュメントに書いてある方法です。本書と合わせて活用し、今後わからないことがあったらドキュメントを確認できるようにしていきましょう。

3.4.4 ネット上の画像を表示

Flutterで画像を表示するためには2種類の方法があります。

- インターネットにある画像を表示する
- スマートフォンに入ってる画像を表示する

このうち、サクッと画像表示を体験できるのは前者なので、まずはインターネットにある画像を表示してみましょう。

ドキュメントの真ん中に、次のようなサンプルコードがあると思います。

```
Image.network('https://flutter.github.io/assets-for-api-docs/
assets/widgets/owl-2.jpg')
```

　これを使いましょう。

　ここでやっているのは、インターネット上にあるURLの画像をFlutterアプリで表示する、ということです。

　試しに、次のURLをGoogle ChromeやSafariなどのブラウザのURLに貼ってみると、画像が見られると思いますので、確認してみてください。

https://flutter.github.io/assets-for-api-docs/assets/widgets/owl-2.jpg

図3.39　ネット上の画像のプレビュー

　コードに戻ります。

　先ほど、`Image` と書いたところを、この `Image.network` に変更しましょう。すると、body以下は次のようになります。

```
body: Center(
  child: Column(
    children: [
      Image.network(
          'https://flutter.github.io/assets-for-api-docs/assets/
widgets/owl-2.jpg'),
      ElevatedButton(
        child: Text('次へ'),
        onPressed: () {
```

117

```
        Navigator.push(
          context,
          MaterialPageRoute(builder: (context) =>
NextPage('KBOY')),
        );
      },
    ),
  ],
  ),
),
```

アプリは、図 3.40 のようになっているはずです。

図3.40　ネット上の画像をアプリで表示

これで画像が表示できました！

もちろん、画像の URL があればなんでも表示できるので、インターネット上の別の画像に URL を変えて、試してみてください。

3.5　Textの装飾

文字を表示することはすでにできていますが、その文字を太字にしたり、色をつけたり、大きさを変えたりなど、装飾することを学んでいきましょう。

3.5.1 現状の確認

```
@override
Widget build(BuildContext context) {
  return Scaffold(
    appBar: AppBar(
      backgroundColor: Theme.of(context).colorScheme
.inversePrimary,
      title: Text('Flutter大学'),
    ),
    body: Center(
      child: Column(
        children: [
          Image.network(
              'https://flutter.github.io/assets-for-api-docs/
assets/widgets/owl-2.jpg'),
          ElevatedButton(
            child: Text('次へ'),
            onPressed: () {
              Navigator.push(
                context,
                MaterialPageRoute(builder: (context) =>
NextPage('KBOY')),
              );
            },
          ),
        ],
      ),
    ),
  );
```

こちらを一旦整理して、次のようにColumnだけにして中身も空にしてみましょう。

```
@override
Widget build(BuildContext context) {
  return Scaffold(
    appBar: AppBar(
      backgroundColor: Theme.of(context).colorScheme
```

```
.inversePrimary,
      title: Text('Flutter大学'),
    ),
    body: Center(
      child: Column(
        children: [],
      ),
    ),
  );
}
```

ここからスタートしていきます。

3.5.2 Text ウィジェットの配置

Column の中に 2 つ Text を置きます。

```
@override
Widget build(BuildContext context) {
  return Scaffold(
    appBar: AppBar(
      backgroundColor: Theme.of(context).colorScheme
.inversePrimary,
      title: Text('Flutter大学'),
    ),
    body: Center(
      child: Column(
        children: [
          Text('KBOYさん'),
          Text('KGIRLさん'),
        ],
      ),
    ),
  );
}
```

すると、図3.41のように表示されます。

図3.41　**Textウィジェットを2つ配置**

　この2つのTextをいろいろ変えていきましょう。

3.5.3 文字の大きさの変更

　まずは基本の形です。

```
Text('KBOYさん')
```

　これにstyleのパラメータを追加して、TextStyle()を入れます。

```
Text(
  'KBOYさん',
  style: TextStyle(),
)
```

　このTextStyleのパラメータに追加して、文字の大きさを変更していきます。

```
Text(
  'KBOYさん',
  style: TextStyle(
    fontSize: 20,
    ),
)
```

まずは、`fontSize`を追加してみました。

何もサイズを指定しないときは14くらいなので、20にすると図3.42のようになります。

図3.42　Textのサイズを20に

40にすると図3.43のようになります。

図3.43　Textのサイズを40に

このように、いろいろ文字サイズを変えて試してみてください！

3.5.4 文字の色の変更

次は色を変えてみましょう。

TextStyleにcolorのパラメータを追加します。例えば、緑を指定したいときは、colorパラメータにColors.greenを追加します。

```
Text(
  'KBOYさん',
  style: TextStyle(
    fontSize: 20,
    color: Colors.green,
  ),
)
```

すると、図3.44のようになります。

図3.44　**Textの色を緑に**

ちなみにColors.greenというのは、もともとFlutterに付属しているMaterialパッケージに用意された色の1つです。それに用意されていない色を指定したい場合は、カラーコードなどで指定する方法もあります。

3.5.5 文字の太さの変更

次は太さを変えます。だんだんと要領がつかめてきたでしょうか？

太さの場合は、`TextStyle` のパラメータに `fontWeight` というのが用意されていて、そこに `FontWeight.bold` と指定すると、太くできます。

```
Text(
  'KBOYさん',
  style: TextStyle(
    fontSize: 20,
    color: Colors.green,
    fontWeight: FontWeight.bold,
  ),
)
```

図3.45 **Textを太字に**

3.5.6 文字をイタリックにする

同じ要領で、`fontStyle: FontStyle.italic` を追加すると、文字をイタリックにもできます。

```
Text(
  'KBOYさん',
```

```
  style: TextStyle(
    fontSize: 20,
    color: Colors.green,
    fontWeight: FontWeight.bold,
    fontStyle: FontStyle.italic,
  ),
)
```

図3.46　**Textをイタリックに**

3.5.7 アンダーライン

次はdecorationというパラメータです。アンダーラインを追加できます。

```
Text(
  'KBOYさん',
  style: TextStyle(
    fontSize: 20,
    color: Colors.green,
    fontWeight: FontWeight.bold,
    fontStyle: FontStyle.italic,
    decoration: TextDecoration.underline,
  ),
)
```

図3.47 **Textにアンダーラインをつける**

3.5.8 **TextAlign の変更**

それではここで、**先ほど追加したTextStyleを一旦全部消して**、今度はTextを Container で囲んでみましょう。

そして、横幅を画面いっぱいにするために double.infinity をつけていきます。

```
@override
Widget build(BuildContext context) {
  return Scaffold(
    appBar: AppBar(
      backgroundColor: Theme.of(context).colorScheme
.inversePrimary,
      title: Text('Flutter大学'),
    ),
    body: Center(
      child: Column(
        children: [
          Container(
            width: double.infinity,
            child: Text('KBOYさん'),
          ),
          Text('KGIRLさん'),
        ],
```

```
      ),
    ),
  );
}
```

図3.48　Textを左に寄せる

　画面幅いっぱいに広がるContainerが追加されたことで、その中にある、「KBOYさん」という Textは、左寄せになりました。デフォルトは左寄せです。このとき、「KGIRLさん」はContainerの外にあるので、動きません。「KGIRLさん」の位置を決めているのは、Containerの上の、さらに上のCenterです。

　それではここにtextAlignを設定して、左寄せや真ん中寄せ、右寄せにしてみます。

真ん中寄せ

　真ん中寄せにしたいときは、次のように書きます。

```
Text(
  'KBOYさん',
  textAlign: TextAlign.center,
)
```

図3.49 **Textを真ん中に寄せる**

𝛃 右寄せ

右寄せなら right です。

```
Text(
  'KBOYさん',
  textAlign: TextAlign.right,
)
```

図3.50 **Textを右に寄せる**

以上で、文字の装飾の練習を終わります！

ここまでで、さまざまな文字の装飾方法について覚えることができたと思います。**基本的に**
Flutter書き方は暗記する必要はないのですが、文字の装飾についてはパッとできると作業効率
が上がるので、ある程度覚えておくとよいと思います。

3.6 入力フォームの作成

次は、入力フォームを作っていきます。入力フォームというとお堅い感じがしますが、SNS
の投稿画面など、さまざまなアプリの投稿画面に共通しているUIですので、やり方を知ってい
ると便利です。

3.6.1 スタート画面

前回はTextの装飾をしたので、ColumnやTextがありましたが、それらを整理して一旦次のよ
うにします。

```
@override
Widget build(BuildContext context) {
  return Scaffold(
    appBar: AppBar(
      backgroundColor: Theme.of(context).colorScheme
.inversePrimary,
      title: Text('Flutter大学'),
    ),
    body: Container(
      width: double.infinity,
    ),
  );
}
```

ここにTextFieldなどを追加して、入力フォームを作っていきます。

本節は、**Flutter Documentation**[8]の中の「**Cookbook**」を選択し、「**Forms**」の中の「**Create and style a text field**[9]」を参考に進めていきます。

図3.51　**Cookbook**

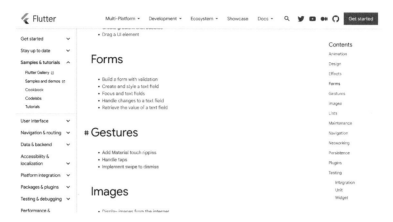

3.6.2 TextField の配置

まずは、Container の child として TextField を入れてみましょう。

```
@override
Widget build(BuildContext context) {
  return Scaffold(
    appBar: AppBar(
      backgroundColor: Theme.of(context).colorScheme
.inversePrimary,
      title: Text('Flutter大学'),
    ),
    body: Container(
      width: double.infinity,
      child: TextField(),
    ),
  );
}
```

＊8　https://docs.flutter.dev
＊9　https://flutter.dev/docs/cookbook/forms/text-input

すると、図3.52のようにラインが1本入ったと思います。

図3.52　TextFieldのアンダーライン

TextFieldをタップしてみると、図3.53のようにキーボードが出ます。

図3.53　キーボードが出現

3.6.3 InputDecoration

次に、TextField を装飾していきます。

「Cookbook [10]」に次のような例文があります。

```
TextField(
  decoration: InputDecoration(
    border: InputBorder.none,
    hintText: 'Enter a search term'
  ),
);
```

これをそのまま、先ほど作った TextField に適用しましょう。

ちなみに、border: InputBorder.none（枠線：入力域枠線、なし）をつけることで下のラインを消しています。

また、hintText: 'Enter a search term' によってまだ何も入力されいないときのテキストを薄く表示しています。この hintText は、例えば名前の入力欄で「山田太郎」のように、入力をイメージしやすくするために使われたりするものです。

```
@override
Widget build(BuildContext context) {
  return Scaffold(
    appBar: AppBar(
      backgroundColor: Theme.of(context).colorScheme
.inversePrimary,
      title: Text('Flutter大学'),
    ),
    body: Container(
      width: double.infinity,
      child: TextField(
        decoration: InputDecoration(
          border: InputBorder.none,
          hintText: 'Enter a search term',
        ),
      ),
    ),
```

---

[10]　https://flutter.dev/docs/cookbook/forms/text-input

```
  );
}
```

図3.54を見ると、下のラインが消えて、「Enter a search term」という文字が薄く表示される
ようになりました。

図3.54　**hintTextが適用**

3.6.4 オートフォーカスの方法

次に、「Cookbook[*11]」の「Forms」の中にある次のコードを見てみましょう。

```
TextField(
  autofocus: true, // オートフォーカス:有効
);
```

これを先ほどの画面に適用してビルドし直すとどうなるのでしょうか？

```
@override
Widget build(BuildContext context) {
  return Scaffold(
    appBar: AppBar(
      backgroundColor: Theme.of(context).colorScheme
```

＊11　https://flutter.dev/docs/cookbook/forms/focus

```
.inversePrimary,
    title: Text('Flutter大学'),
  ),
  body: Container(
    width: double.infinity,
    child: TextField(
      decoration: InputDecoration(
        border: InputBorder.none,
        hintText: 'Enter a search term',
      ),
      autofocus: true,
    ),
  ),
);
}
```

図3.55のように、ビルド直後にキーボードが出てくる状態になりました。

図3.55　ビルド直後に自動でキーボードが出現

autofocusパラメータをtrueにしておくと、画面を開いた瞬間にそこにフォーカスがあたり、キーボードが開きます。

使用ケースとしては、複数のTextFieldがある画面を開いた瞬間に、一番上のTextFieldの入力モードになりキーボードが開くという状況があります。

3.6.5 FocusNode を使ってフォーカス

引き続き、「Cookbook *12」のドキュメントを見ていきます。

FocusNode というクラスを使って、ボタンを押したらフォーカスが当たるという実装をしてみましょう。

まずは、**Column の中に TextField が 2 つある**という状態を作りましょう。

```
@override
Widget build(BuildContext context) {
  return Scaffold(
    appBar: AppBar(
      backgroundColor: Theme.of(context).colorScheme
.inversePrimary,
      title: Text('Flutter大学'),
    ),
    body: Container(
      width: double.infinity,
      child: Column(
        children: [
          TextField(),
          TextField(),
        ],
      ),
    ),
  );
}
```

＊12　https://flutter.dev/docs/cookbook/forms/focus

図3.56　**TextFieldを2つ表示**

では、ボタンを押したら、下のTextFieldにフォーカスが当たる、という実装をしてみましょう。

Columnの中に、追加で**ElevatedButton**を入れます。

```
child: Column(
  children: [
    TextField(),
    TextField(),
    ElevatedButton(), // これを追加
  ],
),
```

この段階では図3.57のようにエラーが出ていると思います。

図3.57　ElevatedButtonに赤い波線が入る

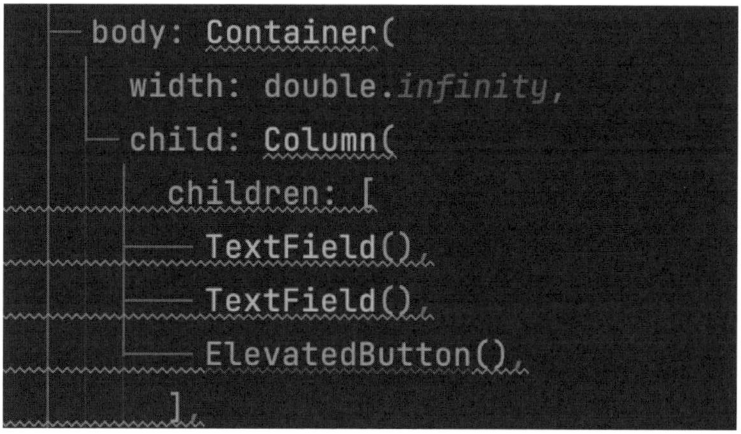

```
── body: Container(
      width: double.infinity,
   └ child: Column(
        children: [
      ── TextField(),
      ── TextField(),
      ── ElevatedButton(),
        ],
```

　エラーの赤波線がついている部分にカーソルを持ってきて止めると、エラーの原因を見ることができます。今回の場合、上に2つの警告が出ています。

- The named parameter 'child' is required, but there's no corresponding argument.
- The named parameter 'onPressed' is required, but there's no corresponding argument.

　1つ目が「**child**というパラメータが求められているけどないよ」、2つ目が「**onPressed**というパラメータが求められているけどないよ」というエラーです。

図3.58　ElevatedButtonのパラメータ一覧

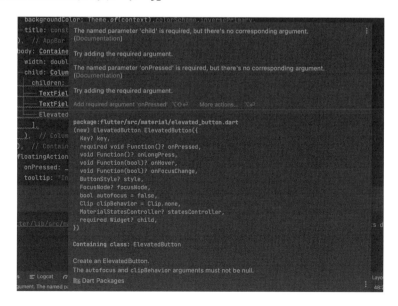

それではこのエラーを解決すべく、次に ElevatedButton にパラメータを追加していきます。

child と onPressed にそれぞれ値に追加していきましょう。onPressed の詳しい中身はのちほど書いていきます。

```
ElevatedButton(
  child: Text('フォーカス'),
  onPressed: () {
    // TODO: ここにフォーカスするためのコードを書く
  },
)
```

図3.59 ElevatedButtonに「フォーカス」と表示

引き続き、「Cookbook*13」を見ながら進めていきます。FocusNode の登場です。

build の上のあたりに FocusNode を定義します。「FocusNode って何？」と思っても、今は深く考えずに書きましょう。

```
final myFocusNode = FocusNode();

@override
```

---

*13   https://flutter.dev/docs/cookbook/forms/focus

```
Widget build(BuildContext context) {
  return Scaffold(
    appBar: AppBar(
      backgroundColor: Theme.of(context).colorScheme
.inversePrimary,
      title: Text('Flutter大学'),
    ),
    body: Container(
      width: double.infinity,
      child: Column(
        children: [
          TextField(),
          TextField(),
          ElevatedButton(
            child: Text('フォーカス'),
            onPressed: () {
              // TODO: ここにフォーカスするためのコードを書く
            },
          ),
        ],
      ),
    ),
  );
}
```

そして、2つ目のTextfieldに、パラメータの1つfocusNodeとして、先ほど定義した
myFocusNodeを渡します。

```
child: Column(
  children: [
    TextField(),
    TextField(
      focusNode: myFocusNode, // こちらでmyFocusNodeを渡す
    ),
    ElevatedButton(
      child: Text('フォーカス'),
      onPressed: () {
        // TODO: ここにフォーカスするためのコードを書く
```

```
      },
    ),
  ],
),
```

今回の場合、2番目の TextField にフォーカスを当たるようにしています。

最後に、ボタンを押したときにこの myFocusNode が反応するようにするための処理を onPressed の中に書いていきます。

```
onPressed: () {
  myFocusNode.requestFocus()
},
```

これで、図 3.60 の「フォーカス」ボタンを押して見ましょう。上から 2 番目の TextField にフォーカスが当たって（下線の色が変わっていますね）、下からキーボードが出てくると思います。

図3.60　2番目のTextFieldにフォーカスが当たる

3.6.6 onChanged

次は実践的な例をやっていきましょう。

引き続き、「Cookbook [14]」を参考に進めます。

＊ 14　https://flutter.dev/docs/cookbook/forms/text-field-changes

　まず、先ほどの画面を次のように変更してみましょう。名前と趣味を入力して、新規登録するアプリのイメージです。

```
@override
Widget build(BuildContext context) {
  return Scaffold(
    appBar: AppBar(
      backgroundColor: Theme.of(context).colorScheme
.inversePrimary,
      title: Text('Flutter大学'),
    ),
    body: Container(
      width: double.infinity,
      child: Column(
        children: [
          TextField(
            decoration: InputDecoration(
              hintText: '名前',
            ),
          ),
          TextField(
            decoration: InputDecoration(
              hintText: '趣味',
            ),
          ),
          ElevatedButton(
            child: Text('新規登録'),
            onPressed: () {
              // TODO: 新規登録
            },
          ),
        ],
      ),
    ),
  );
}
```

図3.61　新規登録するアプリのイメージ

　では、1つ目のTextFieldのパラメータにonChangedを追加して、入力された文字列を取得してみましょう。

```
TextField(
  decoration: InputDecoration(
    hintText: '名前',
  ),
  onChanged: (text) {
    // TODO: ここで取得したtextを使う
  },
),
```

　次に、先ほどのfocusNodeと同じ要領で、build関数の少し上あたりに、String name = '';という変数を用意します[15]。

　全体としては次のようなコードになります。

```
String name = '';

@override
Widget build(BuildContext context) {
  return Scaffold(
```

---

[15]　まだ何が入力されるかはわからないけれど、文字列がくるはずだよ、という意味です。

```
    appBar: AppBar(
      backgroundColor: Theme.of(context).colorScheme
.inversePrimary,
      title: Text('Flutter大学'),
    ),
    body: Container(
      width: double.infinity,
      child: Column(
        children: [
          TextField(
            decoration: InputDecoration(
              hintText: '名前',
            ),
            onChanged: (text) {
              name = text; // こちらを追加
            },
          ),
          TextField(
            decoration: InputDecoration(
              hintText: '趣味',
            ),
          ),
          ElevatedButton(
            child: Text('新規登録'),
            onPressed: () {
              // TODO: 新規登録
            },
          ),
        ],
      ),
    ),
  );
}
```

　このコードでは、onChangedの中で、nameという変数にtextを格納しています。ここでnameに格納したものを、あとで新規登録ボタン押したときにサーバーに送信する、というイメージです。

3.6.7 **TextEditingController**

引き続き、「Cookbook*[16]」を見ていきます。

先ほどの要領で、`final myController = TextEditingController();` を書きます。

そして、今度は2つ目の`TextField`の`contoroller`パラメータに`myController`を渡してみましょう。

```
final myController = TextEditingController();

@override
Widget build(BuildContext context) {
  return Scaffold(
    appBar: AppBar(
      backgroundColor: Theme.of(context).colorScheme
.inversePrimary,
      title: Text('Flutter大学'),
    ),
    body: Container(
      width: double.infinity,
      child: Column(
        children: [
          TextField(
            decoration: InputDecoration(
              hintText: '名前',
            ),
            onChanged: (text) {
              name = text;
            },
          ),
          TextField(
            controller: myController, // こちらを追加
            decoration: InputDecoration(
              hintText: '趣味',
            ),
```

＊16 https://flutter.dev/docs/cookbook/forms/text-field-changes

```
    ),
    ElevatedButton(
      child: Text('新規登録'),
      onPressed: () {
        // TODO: 新規登録
      },
    ),
  ],
),
),
);
}
```

そして、`ElevatedButton`でボタンを押したとき、次のように`TextField`に入力された値を取得できるようにします。

```
ElevatedButton(
  child: Text('新規登録'),
  onPressed: () {
    final hobbyText = myController.text;
  },
),
```

このように取得した値を、**実戦ではサーバーに送信して新規登録の処理をすることになります**。本書では扱いませんが、ここまでで感覚を掴めてきているはずです。

リストの作成

本章の最後のトピックです。ニュースアプリやSNSにあるようなリストを作っていきましょう。これができるだけでかなり様になります。

3.7.1 初期状態

前回は、入力フォームを作りましたが、`TextField`などを一旦消して、次の状態からスタートします。

```
class _MyHomePageState extends State<MyHomePage> {
  @override
  Widget build(BuildContext context) {
    return Scaffold(
      appBar: AppBar(
        backgroundColor: Theme.of(context).colorScheme
.inversePrimary,
        title: Text('Flutter大学'),
      ),
      body: Container(
        width: double.infinity,
      ),
    );
  }
}
```

3.7.2 リストを作る

「Cookbook＊17」にある、「Lists」の項目を開きます。その中からさらに、「Use lists＊18」を見てみましょう。

その一番上にあるサンプルコードが次にようになります。

```
ListView(
  children: <Widget>[
    ListTile(
      leading: Icon(Icons.map),
      title: Text('Map'),
    ),
    ListTile(
      leading: Icon(Icons.photo_album),
      title: Text('Album'),
    ),
    ListTile(
      leading: Icon(Icons.phone),
```

＊17 https://flutter.dev/docs/cookbook/lists
＊18 https://docs.flutter.dev/cookbook/lists/basic-list

```
        title: Text('Phone'),
      ),
    ],
);
```

まずは一旦何も考えず、これをコピーして、先ほどのContainerのchildとしてこの
ListViewウィジェットを入れてみましょう。

すると、次のようになります。

```
@override
Widget build(BuildContext context) {
  return Scaffold(
    appBar: AppBar(
      backgroundColor: Theme.of(context).colorScheme
.inversePrimary,
      title: Text('Flutter大学'),
    ),
    body: Container(
      width: double.infinity,
      child: ListView(
        children: <Widget>[
          ListTile(
            leading: Icon(Icons.map),
            title: Text('Map'),
          ),
          ListTile(
            leading: Icon(Icons.photo_album),
            title: Text('Album'),
          ),
          ListTile(
            leading: Icon(Icons.phone),
            title: Text('Phone'),
          ),
        ],
      ),
    ),
  );
}
```

画面は図 3.62 になります。

図3.62　**リスト**

コピペするだけで、雰囲気が出ますよね！

現状、ListView の children の中に ListTile が 3 つあるというだけです。Column と非常に似ていますね。というより、現状の使い方では Column となんら変わりません。**画面に入りきらないほど並べてもスクロールできる**くらいでしょうか。

また、ListView の配下には ListTile を置くのが定番ではありますが、別に何でもよいです。Text を入れてもいいし、Container を入れてもいいです。

ただ、ListTile というのは、適度な余白と左側と右側にアイコン、真ん中にタイトルとサブタイトルをおけるという意味で便利なウィジェットではあります。また、onTap のパラメータも持ってるので、タップしたときに画面遷移させる、というコードを書くのにも便利です。

ここまでが ListView の基本です。

3.7.3　ListView.builder

今度は「Cookbook」の中の「Work with long lists *19」を見てみましょう。

先ほどのはあらかじめデータの数が決まっていれば使える書き方ですが、実践的なアプリ開発ですと、リストに表示するデータの数は変動します。そんなときに今回の書き方である ListView. builder が便利です。

＊19　https://docs.flutter.dev/cookbook/lists

「Cookbook＊20」のサンプルでは、1万個の要素を持つListを生成します。

```
final items = List<String>.generate(10000, (i) => "Item $i");
```

次のようにして表示します。

```
ListView.builder(
  itemCount: items.length,
  itemBuilder: (context, index) {
    return ListTile(
      title: Text('${items[index]}'),
    );
  },
);
```

先ほどはchildrenにウィジェットを直接いれましたが、今回は、itemCountに数字を入れると、その数の分itemBuilder内の処理が行われ、その結果リストが表示できます。

ここまでの完成品としては次のとおりです。

```
class _MyHomePageState extends State<MyHomePage> {
  final items = List<String>.generate(10000, (i) => "Item $i");

  @override
  Widget build(BuildContext context) {
    return Scaffold(
      appBar: AppBar(
        title: Text('Flutter大学'),
      ),
      body: Container(
        width: double.infinity,
        child: ListView.builder(
          itemCount: items.length,
          itemBuilder: (context, index) {
            return ListTile(
              title: Text('${items[index]}'),
```

＊20　https://flutter.dev/docs/cookbook/lists/long-lists

```
                  );
              },
          ),
        ),
      );
    }
}
```

図3.63　リストにアイテム番号が表示される

10,000 個の文字を生成して、「Item」の後ろに番号をそれぞれ表示しています。

```
final items = List<String>.generate(10000, (i) => "Item $i");
```

この処理の意味がわからないという方は、 例えば次のように変更してビルドしなおしてみてください。

```
final items = ['kboy1', 'kboy2', 'kboy3', 'kboy4', 'kboy5',
'kboy6', 'kboy7'];
```

そうすると、itemsの配列の数だけ表示されます。

図3.64　items配列をリストに表示

　この場合、items は7個の「item」を表示する形ですが、**items が何個きても対応できます。**
以上で、ListView の解説、および本章を終わります。

　ここまでの章で、Flutter の基礎がだいぶ身についたと思いますが、コードの書き方に関しては
不安がある方もいるかもしれません。でも、安心してください。次章で Dart プログラミングに
ついて学びますよ。

第 **4** 章

Dart をとおして プログラミングの基礎を 習得しよう

第 3 章までで、Flutter でアプリの UI を組むことができるようになりました。UI が組めるようになれば、アプリ開発の仕事を進めることができるので、まずは第 3 章までをマスターすることが大事です。

しかし、アプリ開発を続けていくと、UI を組む知識だけではできないことが増えていきます。そこで必要となってくるのが、Dart の知識とプログラミングの基礎知識です。

プログラミングの文法から覚えようとすると、まったく頭に入ってこないという方も多いかと思いますが、具体的にアプリ開発のどこで使うかわかっていると理解がしやすいはずです。これは英語学習なども一緒で、**使う場面を想定しながら覚えるのが効果的**だからです。

ある程度アプリ開発の進め方がわかってきた今こそ、Dartとプログラミングの基礎を勉強するチャンスです。

4.1 変数って何？

第3章までの学習で、実は変数は登場しています。

これが変数です。

```
String name;
```

変数とは、値を入れておく「箱」のようなものです。先ほどコードにあった「name」という名前の変数は、String型の値を入れることができる箱です。ちなみに、Stringはあとで解説するので、今はわからなくても大丈夫です。

図4.1 **変数とは**

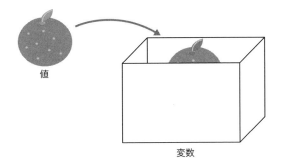

値

変数

図4.1にもあるとおり、みかんが箱に入れられるイメージをするとわかりやすいかもしれません。何も入れなければ箱は空になるし、入っていれば取り出すことができます。

4.1.1 変数名は自分で決めることができる

改めて、次のようなnameという変数を作りました。

```
String name = 'kboy';
```

　基本的には変数名というのは自分で決められます。別に「n」でもいいし、「a」でもいいし「nameA」でもいいです。

　しかし、FlutterやDartに用意されている変数や、誰か別のエンジニアが作った変数名に関しては、それに従って使うことになります。

　例えば、FlutterでTextFieldに値を入れる処理を書くときに、`TextEditingController`というクラスを使いますが、これに用意されている`text`という変数を使うと、**TextFieldに入力された文字列**を取得できます。

```
final a = textEditingController.text;
```

　これは、Flutterを開発したエンジニアがつけた変数名ですので、勝手に別の名前で取得することはできません。このように、定義した変数名は大規模なアプリやフレームワークになると、多くの人に影響を与えるので重要です。もし自分しか開発しないアプリだとしても、最低限わかりやすい名前をつけるというのは重要になります。

4.1.2 値が入った状態と入ってない状態

　次に、**箱にみかんが入っていない状態**を深掘りしていきたいと思います。Dartでは、図4.1でいう箱にみかんが入ってない状態を**null**と表現します。

　具体的にみかんがない状態とある状態は、次のようにコードで解説できます。

🪶 みかんがない状態

　みかんが入っていない状態は、次のように書きます。

```
String? name;
```

　もしくは次のように書きます。

```
String? name = null;
```

🪶 みかんが入っている状態

　みかんが入っている状態は、次のように書きます。

```
String? name = 'kboy';
```

　ちがいは値が入っているかどうかです。そして、値が入っていない状態ではnullが入っていて、nullというものを明示的に代入することで、何も値が入ってない状態を作ることもできます。

4.2 変数と「型」

さらに変数を深掘りしていきます。

箱に対して、みかんを入れられる箱なのか、入れられない箱なのかを決めることができます。

図4.2 変数の「型」とは

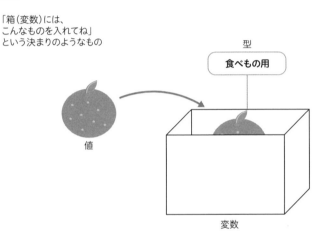

「箱(変数)には、
こんなものを入れてね」
という決まりのようなもの

型

食べもの用

値

変数

図4.2 のイメージだと、食べ物用の箱にはみかんとかりんごは入れられるけど、**犬や机などは入れられない**ということになります。食べ物用というざっくりした型定義にもできるし、みかん専用の箱のように厳しいルールを設けさせることもできます。

それでは、Dart プログラミングにおいての型の種類について具体的に解説します。

4.3 さまざまな「型」

まずは、String と int と bool を紹介します。かなりよく出てくる型です。

図4.3　代表的な「型」

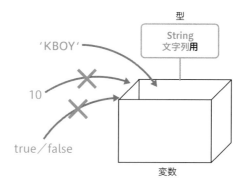

　図4.3ではString、int、boolを解説していますが、具体的にコードに落とし込むと、次のように
になります。

　nameはStringの型なので、'か"で囲まれる文字列しか入れることができません。例えば、
「10」のような数字は入れられません。

　逆に、ageはintの型なので、数字しか入れることができません。ageには'kboy'も入れら
れないし、'30'という文字列も入れられません。

　**人間には'30'が数字だとわかりますが、Dartはそんなことを知らないので、実質数字であ
ろうがなかろうが、''で囲まれた時点でStringの型だと理解し、30は入れられるけど、'30'
は入れられないということになります。**

　'30'って数字じゃないの？　と思いますよね。でも、''や""で囲まれているものは、Dart
によって文字列だと判断されます。

　例えば、渋谷の'109'は数字じゃなく店名ですね。文字列として扱われる数字は、計算など
に使うことはできません。ageの30を翌年自動で31にするコードは書けますが、'109'が来
年'110'になったら困ると思いませんか？

　そして、Bool型の場合は、trueかfalseしか入れられません。「Yes」か「No」という値を
表すときによく使う型です（具体例はこのあと解説していきます）。

```
String name = 'kboy';
```

```
int age = 32;
```

```
bool isEngineer = true;
```

　このように、ほかにもいろいろな型があります。多少の文法のちがいはありますが、ほとんどのプログラミング言語でこれらの型は用意されています。1つプログラミング言語をマスターすると、ほかのプログラミング言語に移動しても速く理解できるのは、型がある程度共通だったりするからです（Boolean だったり bool だったり、多少の文法表記のちがいはあったりします）。

　型を用いることで、その箱（変数）に入れるものを制限できるので、読みやすいコードにもなるし、バグが起きにくいコードにできます。

　ちなみに、Dart には dynamic という型がありますが、これはなんでも入れることができる型です。dynamic を使うとなんでも入れることができるので楽ですが、**多用すると何が入っているかわからない変数がたくさん生まれ、バグを生みやすい危険なコードになります**。

4.4 「型」それぞれの解説

　ひとつひとつの型をもう少し具体的に解説していきましょう。
　まずは最頻出の String です。

4.4.1 String って何？

図4.4　**String型**

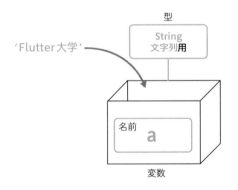

　String は文字列の型です。
　次のように、シングルクオート ' かダブルクオート " で囲むと、文字列として扱えます[*1]。

[*1]　どちらを使ってもかまいませんが、全体に統一がとれているほうが「きれい」です。Android Studio や Visual Studio Code の設定で強制することもできます。

```
String a = 'Flutter大学';
String b = "kboy";
```

例えば、「a」という変数を明示的にStringだと示すには、次のようにaという変数名の前にStringとつけて、スペースを空けます。

```
String a = 'Flutter大学';
```

また、明示的にStringとつけずに、次のように書いたとしても、aは自動的にString型の変数になります。

```
final a = 'Flutter大学';
```

ちなみに、次の書き方もできます[2]。

```
final String a = 'Flutter大学';
```

明示的に変数名の前にStringの型をつけるメリットは、人間が一目見てわかるようにすることと、ビルドするときにコンピュータが型を認識しやすくなってビルドが早くなるということです（微々たる差ですが）。

また、次のように初期値を入れない状態で宣言するときは、明示的に型を示さないと、aにStringが入るのか、intが入るのか、boolが入るのかわからないので、型を変数前に書く必要があります。

```
String a;
```

そうしないと自動でdynamic型になり、なんでも入れれる箱になります。dynamicがダメではないのですが、せっかくDartでは型が用意されているので、基本的に型は使っていきましょう。

𝄐 文字列の結合・変数展開

実践的な内容を紹介します。

次のように、2つのStringを合体させて、1つの文字列にすることができます。

```
Srting a = 'Flutter' + '大学';
```

---

[2] https://dart.dev/tools/linter-rules/omit_local_variable_types によると、型はできるだけ省略することがよしとされています。

また、先ほどのようなaという変数があったときに、次のように、ドルマークを使って $a と すると、aの変数を展開して文字列に含めることができます。つまりこの場合だと、「Flutter大 学は楽しい」になるわけです。

```
final b = '$aは楽しい';
```

変数がintだった場合も、文字列として展開してくれます。

次のように、numberという変数に入った2という値を展開させて、2位じゃだめなんです か？というStringを作ることができます。

```
final number = 2;
final c = '$number位じゃだめなんですか？';
print(c); // →2位じゃだめなんですか？
```

改行コード

次に、改行コードの紹介をします。

これはDartに限った話ではありませんが、\nを改行コードと呼び、プログラムに含めると、 出力としては改行という意味になり、改行されます[3]。

```
String a = 'Flutter大学は\n楽しい';
```

コードを出力すると次のようになります。

```
Flutter大学は
楽しい
```

3連続クオート

'''というふうに3連続クオートで文字列を囲むと、その中でそのまま改行を表現できます。

```
String b = '''
Flutter大学は
楽しい
'''
```

---

[3] ちなみに、バックスラッシュ「\」をキーボード入力で出すには、macOSのJSキーボードであれば option ＋ ¥ を押します。

\nを使わなくても改行が直感的に表現できて、便利です。

4.4.2 int って何？

図4.5　int型

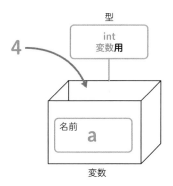

今回は数字を表現する型のintとdoubleについて解説していきます。

intとは

まず、Stringの次に有名な型であるintの紹介です。

intは整数を代入できる型です。

```
int a = 1;
int b = 3;
```

このように、intの型の変数には数字（整数）を代入できます。整数はマイナスも含むのでもOKです。

```
int c = -1;
```

しかし、0.5などの少数はこのintでは表現できません。それは次に紹介するdoubleで表現できます。

🐘 コラム：double って何？

図4.6　**double型**

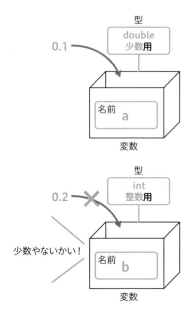

　intとちがって小数を代入できる型がdoubleです。先ほどのintで紹介したとおり、doubleには小数は代入できますが、intには代入できません。double型であれば、次のように0.5を代入することができますね。

```
double a = 0.5;
```

　しかし、次のようにintの変数に0.5を入れようとすると、エラーになります。

```
int b = 0.5
```

　double はFlutterのWidget を組むときもよく登場します。Paddingで空白の大きさを決めるときや、Containerの高さを決めるときなどです。

　例えば、次のような `Container` の `height` はdouble型です。

```
Container(
  height: 100.0,
);
```

　ちなみにこのheight、別に小数でなければいけないわけではなくて、整数も入れられます。つまり、**doubleは小数も代入できるけど、整数も入れられるというわけです。**

4.4.3 bool って何？

図4.7　**bool型**

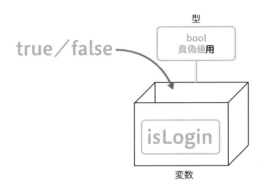

　bool型とは真偽値 (true／false) だけを入れることができる型です。

　真偽値とは「うそ」か「まこと」かを示すもの。bool型ではそれをtrueとfalseで表現します。「まこと」が「true」、「うそ」が「false」ですね。

　Flutterアプリ開発においては、例えば次のように使います。

♪ ログインしていたら isLogin は「true」

```
bool isLogin = true;
```

♪ ログインしていなかったら isLogin は「false」

```
bool isLogin = false;
```

　boolの変数にはString (文字列) やint (整数) などのように、「true」と「false」以外の値を入れることはできません。

4.4.4 演算子を使って bool を表現

　次は、数学で使う＝ (イコール) などの演算子を使ったboolの表現について紹介します。

　if文で次のような書き方を見たことはありませんか？

```
if (a == 1) {
  print('aは1だよ')
}
```

この場合、次のようになります*4。

- aが1だったらa == 1がtrue
- aが1じゃなかったらa == 1がfalse

つまり、a == 1は、次のようなbool型の変数bに入れることができます。

```
bool b = a == 1;
```

この変数bをつかって、次のようなif文を書くことができます。

```
if (b) {
  print('aは1だよ')
}
```

bもa == 1もbool値ですので、if文の条件として ( ) に入れることができます*5。
ちなみに、次のような書き方もできますが、この書き方は二度手間です。bがそもそもbool型
なので、あえてそれがtrueかどうかというbool型を作るためにb == trueという書き方を
する必要はないわけです。まちがってはいないのですが、通常この書き方はしません。

```
if (b == true) {
  print('aは1だよ')
}
```

ちなみに、if文は ( ) の中に**true**か**false**を入れて、**true**だったら**{}中のコードを通る
し、false**だったら**通らない**という構文です。のちほど解説します。

---

*4　ちなみに、プログラミングにおいて、左と右がイコールか比較するときには、「=」は1つでなく、2つ使います。「=」が1
つの場合は「左の変数に右の値を入れる」という意味になり、左右の比較はできません。
*5　printの使用はアプリをリリースする段階にくると推奨されてないので、使うと黄色い線が出ますが、練習の段階では気に
する必要はないです。筆者もたまに使います。

図4.8 よく使う演算子

演算子	意味
==	左辺と右辺が等しい
!=	左辺と右辺が異なる
>	左辺が右辺より大きい
<	左辺が右辺より小さい
>=	左辺が右辺より大きいか等しい
<=	左辺が右辺より小さいか等しい

※上記は「比較演算子」と呼ばれる一部の演算子です。
Dartにはほかにもさまざまな演算子があります。

4.4.5 配列とは

図4.9 配列のイメージ

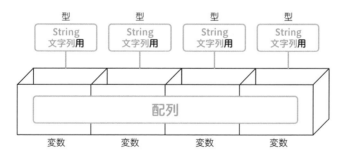

次は配列をご紹介します。配列を使うと、同じ型のインスタンスを複数格納することができます。Stringの配列はString型だけを複数持つことができるし、int型の配列はint型だけを複数持つことができます。

逆に、Stringとint型が混在している配列は作れません[6]。

次に示すのはStringの配列です。カンマで区切って [] の中に複数の要素を書いていきます。

```
List<String> languages = ["Dart", "Java", "Ruby", "PHP"];
```

intの配列であれば次のようになります。

---

[6] dynamic型の配列にすればなんでも入れれますがあまり推奨されません。

```
List<int> numbers = [1, 2, 3, 4, 3];
```

また、あまり使いませんが、boolの配列なら次のようになります。

```
List<bool> bools = [true, false, true, true];
```

ここまで、languages、numbers、boolsという3種類の変数名を出しましたが、この名前はなんでも大丈夫です。コードを書く人が自由に決めることができます。

🐧 コラム：配列の要素の数え方

配列の中身を指定して取り出したいときに、添字（index）を指定して取り出すことができます。1ではなく0から始まることに注意です。

図4.10 配列とindex

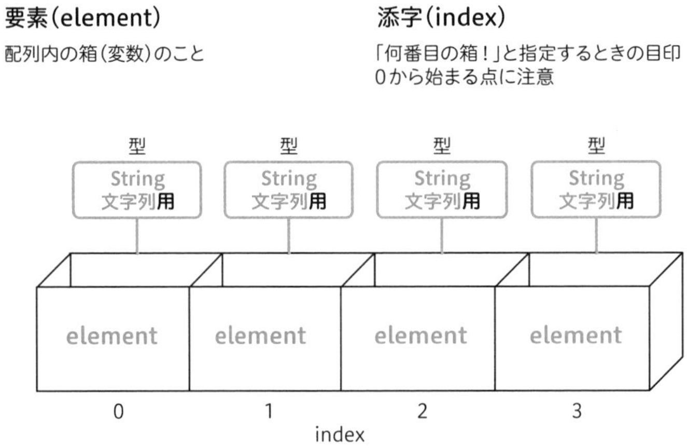

要素（element）
配列内の箱（変数）のこと

添字（index）
「何番目の箱！」と指定するときの目印
0から始まる点に注意

型	型	型	型
String 文字列用	String 文字列用	String 文字列用	String 文字列用
element	element	element	element
0	1	2	3

index

🎸 配列に対して使えるメソッド

配列の中身に対して一気に処理を行いたいときに、使えるメソッドがいくつかあります。**メソッドとは、ある値に対して「.」（ドット）を連結して使えて、その値に変更を加えられるものです。**

配列に存在するメソッドは軽く10種類はあるのですが、ここでは頻出のforEachとmapだけを紹介します。

前提として、次の配列を操作することにします。

```
List<String> languages = ["Dart", "Java", "Ruby", "PHP"];
```

🖋 forEach

まずはforEachです。forEachを使うと、配列の中身を順番に取り出して、なんらかの処理ができます。

次の例では、languages配列の中身を順番にprint[7]することができます。

```
languages.forEach((language) {
    print(language)
});
```

先ほどのコードにより、languagesの中身が順番にprintされ、次のようにコンソールに出力されます。

```
Dart
Java
Ruby
PHP
```

🖋 map

また、リストビューの表示などでよく使うのが、mapです。mapを使うと、配列の中身の型を一挙に別の型に変換できます。

次の例では、String型の配列をTextウィジェットの型の配列に変換しています。

```
List<Text> languageTexts = languages.map((language) =>
Text(language)).toList();
```

mapしたあとにtoList()をつけるのがお決まりとなっています。

この段階では、forEachやmapを覚える必要はありません。配列には便利なメソッドがあって、配列をいろいろ操作できるということだけ覚えておいてください。ほかにも、配列に対して使えるメソッドがいろいろあるので、いざアプリ開発を始めたときに調べてみましょう。

---

[7] printとは、開発中に用いる、Android StudioやVisual Studio Codeなどのエディタについているコンソール（動作確認用に文字列が出力されるところ）に文字列を出力できるものです。

4.5 変数と定数

図4.11　変数と定数

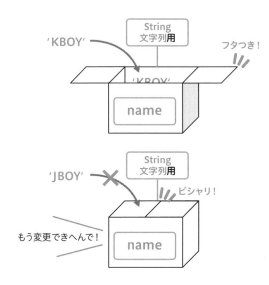

ここまでで基本的な型について学習することができました。

ここで、変数と定数のちがいについて解説し、使い分けれるようになってほしいと思います。

4.5.1 変数とは

変数はその名のとおり、変わってもいい「値を入れる箱」です。

```
String name = 'KBOY';
```

先ほどのnameは変数なので、名前を「KBOY」から「JBOY」に変えることができます。

```
String name = 'KBOY';
name = 'JBOY'; // これはOK!!
```

ちなみにvarをつかって次のように変数を定義することもできます。

```
var name = 'KBOY';
```

しかし、次に紹介する定数では、名前を「JBOY」に変えることはできません。

4.5.2 定数とは

定数とは、値が**一定**の「値を入れる箱」です。

次のコードのように final をつけると、name が定数になるので、値を変更しようとするとエラーがでます。

```
final String name = 'KBOY';
name = 'JBOY'; // これはできない！！！
```

変数のほうが柔軟なので、「全部変数でいいじゃん」と思う人もいるかもしれません。

しかし、**コードを書くときはできるだけ定数を使ったほうがよいです。** その理由は、あとから変更できないことを保証することで、より見やすくバグの起こりにくいコードにできるからです。

例えば、name は「KBOY」から変えたくないのに、name を変数にしておいてしまうと、あとから別の人がコードをいじって、name を勝手に「JBOY」にするコードを追加することができてしまいます。

こういうことが積み重なると、アプリが意図しない仕様で動き、バグを起こしてしまいます。

以上の理由で、できるだけ定数を使ったほうがよいです。

4.5.3 定数の修飾子 const と final

Dart には、定数を示す修飾子として const と final があります。

- const はコンパイル時に値が確定する
- final は実行 (ビルド) 時に値が確定する

このようなちがいがあります。コンパイルというのは、コードを書いた瞬間に行われる Dart の文法チェックのようなものです。実行というのは、書いたコードを実際にスマートフォンなどで動かすことをいいます。

つまり、const の定数はコードを書いているときには、値が確定していなければいけないのです。確定している値しか入れることができません。例えば、「ユーザーがログインしているか？」を示す bool isLogin; という変数があったときに、const a = isLogin; のような書き方はできません。ユーザーがログインしているかどうかは実行するまでわからないからです。

一方、final a = isLogin; は可能です。実行すれば、ユーザーがログインしているか確認できるからです。

図4.12 finalとconst

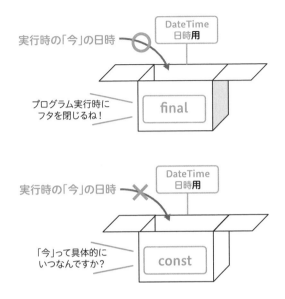

const にできるなら、const にしておくに越したことはありません。それこそコンパイル時に値が変わらないことを確定できるので、コード実行時に新たに中身をチェックする必要がないからです。細かいちがいではありますが、const が多ければ多いほど、実行が速くなります。

とはいえ、実は自分でconst か final かを判断する必要はありません。Dart には Dart Analysis というコードを解析する機能がついていて、これにチェックしてもらうことで、const にすべきコードにはアラートが表示され、気づくことができます。

図4.13 はconst をつけなさいというアラートをたくさん受けている例です。

図4.13 アラートの例

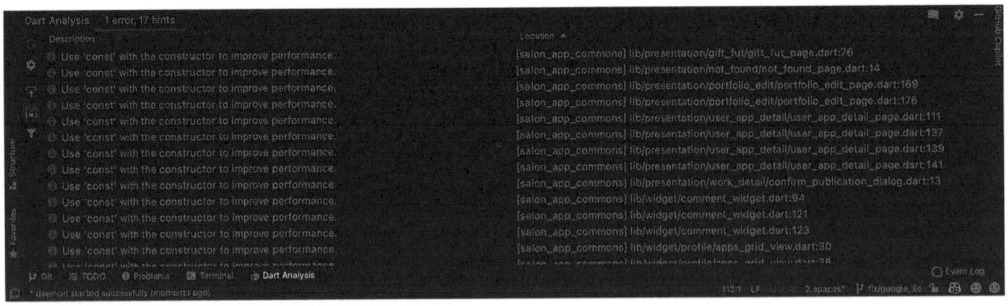

4.6 クラスとインスタンス

変数と定数について理解したところで、次はクラスとインスタンスを理解しましょう。

Dartを用いてFlutter開発をするにあたって、クラスとインスタンスの理解をすることは重要です。ここを理解しないままアプリを作れるようになってしまうケースも多いですが、知っていると初心者に一気に差をつけられる知識です。しっかり覚えておきましょう。

4.6.1 クラスとは

まずはクラスです。クラスは型と呼ぶこともあります。**Stringやint、boolは最初から用意された型**ですが、アプリ開発をしていくにあたって、最初から用意された型だけではなく、自作の型（クラス）を作ることもできます。自作の型を作れば、実際に動いているアプリと同じ単位を作ることができる（TodoアプリならTodoクラス、車アプリだったらCarクラスなど）ため、便利です。

図4.14のように、設計図と表現するとわかりやすい方もいるかもしれません。

図4.14　TODOクラスはTODOの設計図

クラスはそれだけでは実態を持ちませんが、形を定義するというイメージです。

例えば、次に示すのは自作のTodoクラスです。この定義の場合、TodoというクラスはString型のtitleと、Bool型のisDoneというフィールドを持ちます[8]。

＊8　クラスのparameterをフィールドやプロパティと呼びます。

```
class Todo {
  String title;
  bool isDone;
}
```

4.6.2 インスタンスとは

次にインスタンスです。

定義されたクラスをベースに、実体化されたものがインスタンスです。つまり、Todo を例に出すと、やること (Todo) が 3 つある場合、インスタンスは 3 つ作ることになります。

図4.15 では、次の 3 つのインスタンスが作られています。

- title が「洗濯」の Todo インスタンスが 1 つ
- title が「掃除」の Todo インスタンスが 1 つ
- title が「買い物」の Todo インスタンスが 1 つ

図4.15 インスタンスのイメージ

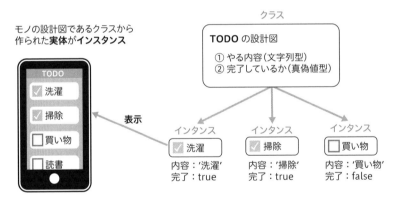

4.7 インスタンスの作り方

次にインスタンスの作り方を紹介します。

定義された Todo クラスはインスタンス化されて初めて意味をなします。

図4.16　インスタンス化

クラス

TODO の設計図
① title（String 型）
② isDone（bool 型）
フィールド
または
プロパティ

インスタンス

title : null
isDone : null

インスタンス

□ 買い物
title : '買い物'
isDone : false

　一般的にTodoクラスのインスタンス化は次のように行います。**todo**という名前の変数に**Todo**がインスタンス化されて入れられています。

　このように、クラスの名前の後ろに ( ) を置くと、インスタンス化されます。

```
final todo = Todo();
```

　( ) の中に、titleやisDoneなどのプロパティを入れてインスタンス化したりすることもあります。これを**引数**といいます。

```
final todo = Todo('掃除', true);
```

　ちなみに、インスタンス化のことを**初期化**（initialize, init）といったりもします。

　今回はインスタンス化についての概念を理解してもらうことが目的なので、解説はここまでです。

4.8 「!」や「?」って何？

　4.1「変数って何？」で、何も入ってない状態はnullだと紹介しました。本節では、もう少し具体的にnullについて解説し、具体的なnullの扱い方も紹介します。

4.8.1 null とは

　基本的には、変数を作ってもその中に値を入れていないとnullになります。図4.1では、みかんを入れていない状態の変数はnullです。

null許容という言葉があります。Dart は null許容にすることもできるし、許容しないようにも書くことができます。null許容 (null Safety) というのは、図4.1でいうみかんの箱が空でもいいかどうかを明示的に書きましょうというルールだと思ってもらえればいいと思います。

①null許容ではない場合と②null許容の場合を解説します。

4.8.2 null 許容でない場合

例えば、次のような変数の例を考えます。これは「String?」ではなく「String」で型指定をしている場合です。

```
String name;
```

「String?」ではなく「String」の型の場合は、null を許容しないので null を入れることができません。そのため、初期値でなんらかの文字列を入れておく必要があります。**何も入ってない状態というのが許されてないからです。**

デフォルトで値を入れるか、クラスの変数であれば、3.2「画面遷移」で「値の受け渡し」をしたように、デフォルト引数としてもらってくる必要があります。

次にその2パターンを紹介します。

🦴 デフォルト値を入れておく場合

```
String name = 'KBOY';
```

🦴 デフォルト引数としてもらってくる場合

```
class User {
  User(this.name);

  String name;
}
```

name に null が入ってないことが保証されてるときは、使うときも次のように！や？などを使わずに書けます。後述する null許容の場合だと、ここに注意が必要です。

```
Text(user.name)
```

4.8.3 null 許容の場合

null を許容する場合の書き方は次のとおりです。**これだと name に null が入っていてもいいよというルールになる**ので、デフォルト値を入れなくてもエラーが出ることはありません。

```
String? name;
```

その代わり、使うときに気をつけなければいけないことがあります。

例えば、次のような User クラスがあるときに、name は null になりうるので、書き方に工夫が必要です。このあと、null 許容の変数の使い方を4つ紹介します。

```
class User {
  String? name;
}
```

① null ではないと確定させるために「!」を使う必要がある

まずは、! を使うパターンです。name が null ではないと決めつける書き方です。

! を name の後ろにつけることで、String? 型が String 型になり、Text の引数に入れることができます。

```
Text(user.name!)
```

② null になってもいいなら「?」で書く

次のパターンは、? を書く方法です。例では、trimRight という文字列の右側の空白を取り除くメソッドを使って name から空白を取り除こうとしています。

```
print(user.name?.trimRight()); // nameがnullだったらnullがprintで出力される
```

この場合、name が null だったら、そのあとの処理は行われず、そのまま最終アウトプットは null になります。もし null だったとしても、アプリをクラッシュさせずに受け流してくれるため、**null の対応に対して最も無難な方法**です。

ただし、null かどうかの確定をさせないため、問題の先延ばしになることには注意です。

最終的に確定させるために次に紹介する③と④の方法を使います。

③**null だった場合何を入れるかを「??」を使って書く**

null だったら何を入れるかを書く方法です。name の後ろに **??** をつけることで、その後ろに null だったら何を入れるか書くことができます。

次の例では、name の値が入っていれば、そのまま使うし、null だったら **'名無しさん'** と表示するコードになっています。

```
Text(user.name ?? '名無しさん')
```

④**if 文で null チェックする**

もう 1 つの方法は、null チェックして、null だったら早急にリターンさせることで、その後の処理では null じゃないということを確定させる方法です。

次の例では、name が null だったらローディング（「お待ちください」のグルグルマーク）の Widget を表示し、それ以外の場合のみ Text の Widget を表示しています。このように書けば、値の取得に時間がかかる通信をしている場合に、値がまだ取得できていないときはローディングを出し、取得が完了したら Text を出す、というような柔軟な実装もできます。

```
if (user.name == null) {
    return CircularProgressIndicator();
}
return Text(user.name);
```

null 許容の変数の扱い方には以上の 4 パターンが考えられます。ケースバイケースなのですが、④のパターンがユーザー動作的にもわかりやすく、コード的にも安全だと個人的には思います。

また、null 許容の変数にするかしないかもケースバイケースです。null とうまく付き合い、よいコードを書いていきましょう！

4.9 条件分岐

図4.17　条件分岐のイメージ

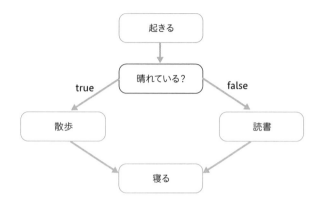

　先ほどのbool型の文脈や、nullチェックの文脈でif文を登場させました。

　今回は**もし（〜）だったら {〜} する**という構文であるif文について詳しく解説していきます。「if」という英語を知っている方ならよりイメージしやすいかもしれません。

　if文の文法は次のとおりです。

```
if (boolの値) {

}
```

　あらかじめ `bool isLogin = true;`のようなbool型の変数があれば、次のように書けます。

```
if (isLogin) {

}
```

　あらかじめ変数がない場合でも、次のようにその場でbool値を作って入れることができます。

```
if (a == 1) {

}
```

　以上が、if文の基本的な書き方です。次は、if文の動きについて解説します。

if文は ( ) の中の値が **true** になると、 {} の中の処理を実行します。逆に、その条件に合わない場合は、 {} の中の処理を実行せずに、スルーして次の処理に行きます。

if文は、「もし〜だったら〜」という構文です。その英語の意味と同様で、次の例でしたら、もし**aが1だったら「Hi」とprintする**という文になっています。

```dart
if (a == 1) {
    // a == 1がtrueだったら、この中に処理が入ってくる
    print('Hi');
}
```

以上がif文の基礎です。今後、**「もし〜だったら〜」**という処理をしたくなったら使いましょう！

4.10 繰り返し構文

図4.18 繰り返しのイメージ

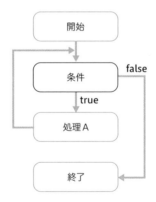

配列の文脈で、forEachという関数が登場しましたが、それと同じような要領で、指定した数を繰り返す処理を書くことができます。これを for 文と呼びます。

for文

基本の for 文は次のとおりです。

- `int i = 0;` がスタート地点の i の値
- `i < 10` がいくつまで増えるかのルール
- `i++` が1回処理を行ったあとに i を増やす処理

```
for(int i = 0; i < 10; i++)
    // ここが10回呼ばれる。
}
```

　ここで暗記しようとしてしまう方がいるかもしれませんが、暗記しなくて大丈夫です。筆者も暗記していません。使おうと思ったときに思い出して、Google検索したりして、書き方を調べることができればOKです。

β for~in

　もう1つのifの書き方は次のとおりです。

```
for (city in cities){
    // cities配列の中身が順番に取り出される
}
```

　次のようなcitiesがあったとしましょう。

```
final cities = ['札幌', '名古屋', '福岡'];
```

　その場合、次の処理はどうなると思いますか？

```
for (city in cities){
  print(city);
}
```

　printはコンソールに値を出力する関数なので、順番に値が出力されます。
　答えは、**札幌、名古屋、福岡、と順番に出力される**、です。

```
札幌
名古屋
福岡
```

　このように、配列の中身を1個ずつ取り出して、それに対して処理をするのがforとinを使った書き方です。今回のcitiesは配列の中身が3つだったので、処理は3回転しました。もし、配列の中身が5個であれば5回転しますし、10個であれば10回転します。

```
final cities = ['札幌', '名古屋', '福岡', '仙台', '金沢', '新潟', '大阪',
'広島', '沖縄' '松山'];
```

```
for (city in cities){
  print(city);
}
```

　上記であれば、10回転して、札幌、名古屋、福岡、仙台、金沢、新潟、大阪、広島、沖縄、松山と順番に出力されます。

```
札幌
名古屋
福岡
仙台
金沢
新潟
大阪
広島
沖縄
松山
```

β forEach

　先ほども配列に対して使いましたが、forEach という関数もあります。forEach を使うと、配列の中身を順番に取り出して、なんらかの処理ができます。

　次の例では、`languages` 配列の中身を順番に print することができます。

```
languages.forEach((language) {
    print(language)
});
```

　変更したい配列の後ろに接続してかけるので、処理したい順番に文が書けますし、短くスッキリ書けるのが特徴です。筆者の私も同じ処理をするにあたって forEach の書き方が好きです。

　しかし、**avoid_function_literals_in_foreach_calls**[9] という Dart の原則がありまして、forEach の中だと本章の最後で紹介する await が正しく動かないので、先の for 〜 in を使おうといわれています。

　なので、注意して使いましょう。無難なのは for 〜 in です。

　以上で、for 文の基本的な解説は終わります。

---

[9]　https://dart.dev/tools/linter-rules/avoid_function_literals_in_foreach_calls

4.11 関数

最後に関数について学習しましょう。

変数と関数がわかれば、プログラミングの基本9割を理解したといっても過言ではありません。

といわれるほど、どこにでも関数はありますので、ぜひ概念をマスターして使いこなしてほしいと思います。

関数の基本の形は次のとおりです。頭に関数がアウトプットする型がついて、好きな関数名（小文字で始まるキャメルケース推奨）をつけたあと、()をつけ、関数の中身を{}の中に書きます。

```
void doSomething(){
    // ここで処理を実行
}
```

そして、この作られた関数を使うときは、次のように書きます。

```
doSomething();
```

ここまでが基本の形です。これをもう少し変形して、いろいろなパターンを見ていきましょう。

引数

()の中には引数を定義できます。外から値をもらって、関数内で使うことができるのが引数です。

```
void doSomething(String name){
    // ここで処理を実行、nameを使える
}
```

そして、この関数を使うときは、次のように書きます。引数として、値をもらって、それを関数内で使うことができるのです。

```
doSomething('kboy');
```

この引数は、定義さえすれば何個でも追加できます。

```
void doSomething(String firstName, String lastName){
    // ここで処理を実行、firstNameとlastNameを使える
```

181

```
}
```

この doSomething 関数を使うときは、次のようになります。

```
doSomething('Kei', 'Fujikawa');
```

もう1つ、細かいルールですが、引数に名前をつけることができます。

次のように、引数を入れる () の中を {} で囲むと、{} で囲まれた範囲の引数は名前付き引数になります[10]。

```
void doSomething({required String firstName, required String
lastName}){
    // ここで処理を実行、firstNameとlastNameを使える
}
```

次に示す、使う側の書き方を見てみるとわかりやすいです。先ほどの名前なしの引数と比べると、明示的に何を渡しているのか確認できる点で優れています。引数が大量になってくると、何を渡すべきなのかわからなくなることがあるためです。

```
doSomething(firstName: 'Kei', lastName: 'Fujikawa');

// これもOK
doSomething(lastName: 'Fujikawa', firstName: 'Kei');
```

また、名前で指定しているため、順番をひっくり返しても大丈夫です。

逆に、最初に紹介した名前なし引数の場合は順番が重要で、順番をひっくり返すと意味が変わってしまいます。

もし、次のような関数があって、それぞれ引数の型がちがえば、まちがって呼び出したらエラーになるので気づくことができますが、先ほどの firstName と lastName のように同じ String だったりすると、そのままエラーにならず動いてしまうので、気づかずにバグを埋め込んでしまうということもありえます。

```
void doSomething(String name, int age){
    // ここで処理を実行、nameとageを使える
}
```

---

[10] String?のようにNull Safetyにしない場合はrequiredが必要になります。

```
doSomething(32, 'Kei'); // これはエラーになる
```

返り値 (戻り値)

ここまでの処理は、何か関数が値を返すことはイメージしていませんでしたが、実は何か値を返すことができます。

例えば、次のような関数を作ってみました (年齢を返す関数なので先頭がvoidではなくintになっています)。

```
int getAge(String name){
    return 32;
}
```

この関数は、名前を引数にもらって、年齢を返す関数です (とはいってもこのままでは、どんな名前を渡しても32歳になりますが)。

この関数はこのように使うことができます。

```
final age = getAge('Kei');
print(age); // 32がコンソールに出力される
```

ここまでの流れでわかった方もいるかもしれませんが、関数というのは引数というインプットをもらって、返り値というアウトプットを出すものです。中学あたりの数学から関数という名前が登場したのを覚えている方もいるかもしれません。

そのときの関数は $y = f(x)$、$f(x) = 2x$ のようなイメージですよね。まさにそれと同じで、**xという引数をもらって、yという返り値を返す。これが関数です。**

実は、本書でもすでに関数は登場しています。

最初に環境構築をしたときにmain.dartにある、`main()`は、Flutterアプリを起動したときに、一番最初に呼ばれる関数です。

```
void main() {

}
```

また、画面を作るときに必ず現れるのがbuild()関数です。

```
class NextPage extends StatelessWidget {
```

```
  @override
  Widget build(BuildContext context) {
    return Scaffold();
  }


}
```

このように、最初から定義されている関数もあります。これはつまり、Flutter の開発者があらかじめ用意してくれているということです。あらかじめ用意された関数を使いつつ、自分でも関数を作りつつ、整理されたよいコードを書いていきましょう。

𝄐 async await

関数の最後に、async await について解説します。

これも初心者泣かせの機能の1つなのですが、つけ方がわかっていないとエラーになったり、エラーにならなくても、思ったとおり動いてくれなかったりします（コードは思ったとおりではなく、書いたとおり動く、とよくいわれます）。

async await を使うときは、まず Future を返り値に持つ関数が登場します。先ほど登場した doSomething だと void、getAge だと int を返していましたが、そこを **Future** に変えるわけです。

そして {} の前に **async** をつけます。

```
Future<String> fetchData() async {
    // ここで何か時間のかかる処理が行われるイメージ
}
```

これを使うときに、**await** を使います。

```
final String data = await fetchData();
```

もし、これに **await** をつけないと、次のようになります。

```
final Future<String> data = featchData();
```

ちがいがわかりますでしょうか？

await がついているほうは **Future** が**とれています**。このように、await をつけると、**Future 型という時間がかかる処理の型**から **String** や **int、void などの一般的な値を示す型**に変わります。

そして、このときの動作ですが、**await をつけた場合は fetchData の処理が完了するまで待っ**

てくれます。awaitをつけない場合は待ってくれず、処理が終わってなくてもその行を通過して次に行ってしまいます。

🔖 同期と非同期

このように、Futureの中身には何か時間のかかる処理が書かれることが多いです（Futureのもう1つの特徴として、エラーを返せるというものがあります）。**このような時間のかかる処理を非同期的な処理と呼びます**。

逆に、Futureではない関数の処理というのは、一瞬で終わることを前提としています。これを同期的な処理と呼びます。

図4.19 同期的なコミュニケーション

同期と非同期のちがいを日常で例えるとするならば、電話とLINEなどのチャットアプリのちがいです。電話や対面での会話は、その場ですぐに応答が返ってくることが前提なので、同期的な処理といえます。

図4.20 非同期的なコミュニケーション

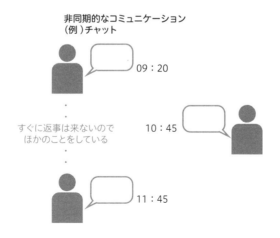

その一方で、LINEなどのチャットアプリは、すぐに返ってくるとは限りません。あとで返すということができます。送ってもすぐ返ってこないのが非同期です。実際のアプリでは、「デー

タベースを検索して情報を取得する」などが「一瞬で終わらない処理」になります。

　同期と非同期という用語を覚える必要はありませんが、その概念を理解すると、async await の関数を使うときに理解が進むかと思います。

　本章では、Dart プログラミングの基礎を学習しました。第3章までの知識でアプリ開発自体はできるのですが、本章の知識を身につけると、ほかの人のコードに何が書いてあるかわかったり、仕様が複雑なアプリも作れるようになってきます。第5章では、これまでの知識を応用して、簡単なジャンケンアプリ作ってみましょう。

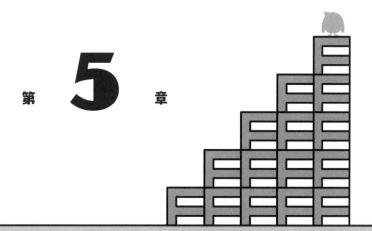

第 **5** 章

【実践】じゃんけんアプリ
を作ろう

本章では、ここまでの知識を総動員して、ジャンケン
アプリを作ってみましょう。ここまで学習した
Widget の基本と Dart の基本を知ると、効率的に進
めることがでるはずです。
今まで登場しなかった新しい知識も得られるので、ぜ
ひ最後まで取り組みましょう。

5.1 プロジェクト作成

Android StudioのFlutterプロジェクト作成方法を解説します。もちろん、Visual Studio Code を使ってもかまいません。

まずは、「New Flutter Project」を選択します。

図5.1 「New Flutter Project」ボタンを押す

次に、「Flutter SDK path」を確認し、「Next」ボタンを押します。

図5.2 「Next」ボタンを押す

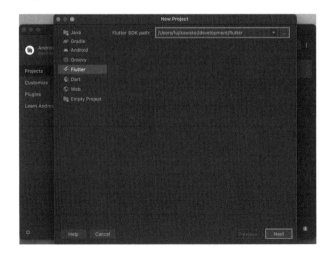

そして、プロジェクト名やその他設定を入力し、「Finish」ボタンを押します。環境構築のとき
に一度やりましたね (2.2「macOSの環境構築」参照)。

図5.3　「Finish」ボタンを押す

プロジェクトを作成すると、デフォルトのカウンターアプリが表示されます。

図5.4　デフォルトのカウンターアプリ

5.2 シミュレータで動作確認

Android エミュレータでもかまいませんが、基本的に著者は iOS シミュレータで進めていきます。

まずは一旦ビルドして、ホットリロードで画面を更新しながら進めると、コードの変化を実感しながら進められるのでよいでしょう。ビルドの仕方を忘れてしまった方は、2.2「macOS の環境構築」を復習しましょう。

5.3 実装イメージ

自分がグー、チョキ、パーのいずれかを選択すると、コンピュータもランダムでいずれかを選択し、勝敗を決定するという簡単なアプリを作っていきます。

まずは、デフォルトのカウンターアプリの Column の中の Text の 2 つを変えて、次のようにします。Column の中だけを変更しています。それ以外の部分のコードはあえて表示していないので、気をつけてください。

```
body: Center(
    child: Column(
      mainAxisAlignment: MainAxisAlignment.center,
      children: <Widget>[
        Text(
          '相手',
          style: TextStyle(fontSize: 30),
        ),
        Text(
          '✌',
          style: TextStyle(fontSize: 100),
        ),
        SizedBox(
          height: 80,
        ),
        Text(
          '自分',
          style: TextStyle(fontSize: 30),
```

```
      ),
      Text(
        '✊',
        style: TextStyle(fontSize: 200),
      ),
    ],
  ),
),
```

コードを実行すると、図5.5 のように相手がチョキ、自分がグーを出している状態になります。

図5.5　相手がチョキ、自分がグーを出している状態

　これをベースとして、細かなロジックを実装しながら、最終的にはじゃんけんアプリを作っていきましょう*1。

5.4　jankenTextを入れ替える

　デフォルトの `_incrementCounter` を変形して、じゃんけんの手を変更する関数である `_chooseJankenText` を作ってみましょう。

---

*1　書いてる間ずっと「constを入れましょうの黄色い波線」が出ていて不安に感じる方もいるかもしれませんが、都度都度修正して、最終的に動くようにできれば大丈夫です。

そして、int _counter = 0; を Sring jankenText = ''; にしてみます。

一気に 3 ヵ所変更していきます！ がんばってついてきてください。

5.4.1 関数の使用

_chooseJankenText 関数を使って、jankenText をグーからパーに変更します。

```
String jankenText = '✊';

void _chooseJankenText() {
  setState(() {
    jankenText = '✋';
  });
});
```

5.4.2 テキストの変更

自分の下に出るテキストを jankenText に変更します。

```
Text(
  '自分',
  style: TextStyle(fontSize: 30),
),
Text(
  jankenText,
  style: TextStyle(fontSize: 200),
),
```

5.4.3 FloatingActionButton

FloatingActionButton で _chooseJankenText を呼びます。

```
floatingActionButton: FloatingActionButton(
  onPressed: _chooseJankenText,
  child: const Icon(Icons.add),
),
```

ボタンを押すと、✊ が ✋ に変わるようになりました。

図5.6　Before

図5.7　After

5.5　グーチョキパーボタンの設置

　次に、グーチョキパーボタンを設置して、自分の手をボタンを選んで変えられるようにしてみましょう。

　まず FloatingActionButton を Row で囲んで、その中に3つの FloatingActionButton を入れる形です。既存の FloatingActionButton をコマンド一発で Row で囲むためには、option + Enter (macOS、Android Studio) コマンドを使います (3.1.8「Widget の実装」で紹介済みです)。

　また、合間合間に間隔を空けるため、SizedBox を入れてみましょう。先ほどは高さを指定して上下の幅をつけましたが、今回は幅を指定して、左右を広げます。便利ですね。

```
floatingActionButton: Row(
    mainAxisAlignment: MainAxisAlignment.end,
    children: [
      FloatingActionButton(
        onPressed: () {
          setState(() {
            jankenText = '✊';
```

```
          });
        },
        child: const Text(
          '✊',
          style: TextStyle(fontSize: 30),
        ),
      ),
      const SizedBox(
        width: 16,
      ),
      FloatingActionButton(
        onPressed: () {
          setState(() {
            jankenText = '✌';
          });
        },
        child: const Text(
          '✌',
          style: TextStyle(fontSize: 30),
        ),
      ),
      const SizedBox(
        width: 16,
      ),
      FloatingActionButton(
        onPressed: () {
          setState(() {
            jankenText = '✋';
          });
        },
        child: const Text(
          '✋',
          style: TextStyle(fontSize: 30),
        ),
      ),
    ],
  ),
```

すると、ボタンを押してグーチョキパーを切り替えられるようになりました。

図5.8　**グー**　　　　　　　　図5.9　**チョキ**　　　　　　　　図5.10　**パー**

5.6　ランダムで選ぶ

自分の手が選択して表示できたので、次は相手の手をランダムで表示してみたいと思います。

まず、次のようにjankenTextを2行にして、それぞれの名前をつけることで、自分の手と相手の手を分けておきます。

```
String myJankenText = '👊';
String computerJankenText = '👊';
```

該当のTextの中の参照も変えておきましょう（setStateのjankenTextにもエラーが出ますが、そこは次に修正します）。

```
body: Center(
    child: Column(
      mainAxisAlignment: MainAxisAlignment.center,
      children: <Widget>[
        Text(
          '相手',
```

```
          style: TextStyle(fontSize: 30),
        ),
        Text(
          computerJankenText, // ここ
          style: TextStyle(fontSize: 100),
        ),
        SizedBox(
          height: 80,
        ),
        Text(
          '自分',
          style: TextStyle(fontSize: 30),
        ),
        Text(
          myJankenText, // そしてここ
          style: TextStyle(fontSize: 200),
        ),
      ],
    ),
  ),
```

そして、コンピューターの手をランダムで選ぶ関数を作ります。この時点で、_chooseJankenText
は使わなくなるので消しても大丈夫です。

```
List<String> jankenList = ['✊', '✌', '✋'];

void chooseComputerText() {
  final random = Random();
  final randomNumber = random.nextInt(3);
  final hand = jankenList[randomNumber];
  setState(() {
    computerJankenText = hand;
  });
}
```

final randomNumber = random.nextInt(3); は、0、1、2のどれかをランダム
で返してくれます。プログラミングは基本的に0から始まるので、3は含まれないことに注意し
ましょう。

ちなみに Random を使うときは、「dart:math」をインポートしましょう。

図5.11 「dart:math」をインポート

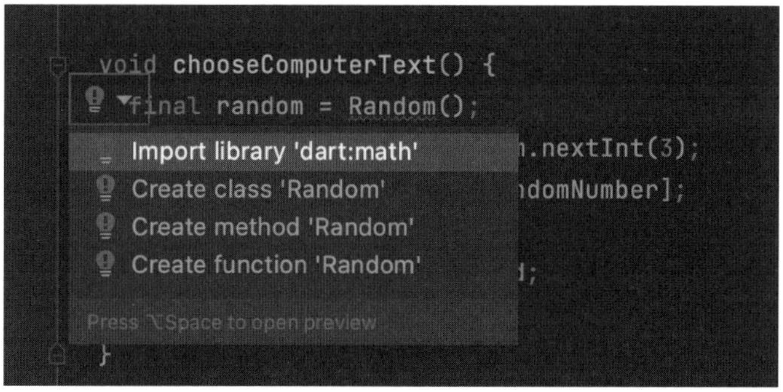

そして、この `chooseComputerText` をすべてのボタンを押したときに呼び出すようにします。

```
FloatingActionButton(
  onPressed: () {
    setState(() {
      myJankenText = '✊';
    });
    chooseComputerText(); // ここに追加
  },
  child: const Text(
    '✊',
    style: TextStyle(fontSize: 30),
  ),
),
```

すると、図5.12～14のように自分がボタンを押すと、コンピュータもランダムで手を出してくれるようになります。

図5.12 試行①   図5.13 試行②   図5.14 試行③

5.7 enumを使おう

　ここまでのコードを enum を使ったものにリファクタリングして、安全にしてから勝ち負け判定を入れたいと思います。リファクタリングとは、コードによる動作はそのままに、綺麗なコードに変更することをいいます。

　次のような enum をファイルの一番下に作ります。enum については後述します。

```
enum Hand {
  rock,
  scissors,
  paper; // 最後の項目だけ,じゃなくて;なことに注意
}
```

　enum は列挙型といわれ、bool 型の進化系のようなものです。bool 型は「true」か「false」の2択ですが、この場合の Hand という型は、rock、scissors、paper の3択です。

　それでは、先ほどの jankenList を enum を使って書き換えてみましょう。

```
List<Hand> jankenList = [Hand.rock, Hand.scissors, Hand.paper];
```

　ここで、enum に get 変数をつけたいと思います。

```
enum Hand {
  rock,
  scissors,
  paper;

  String get text {
    switch (this) {
      case Hand.rock:
        return '✊';
      case Hand.scissors:
        return '✌';
      case Hand.paper:
        return '✋';
    }
  }
}
```

5

🐛 コラム：get 変数とは

次の2つのコードのちがいは、後者には後から値を入れられないということです。

```
String text = 'a';
```

```
String get text {
    return 'a';
}
```

つまり、次のように書くと、前者は text が b になりますが、後者はエラーになります。

```
text = 'b';
```

🐛 コラム：switch 文とは

今回の例では、enum に対して switch 文を使っていますが、図5.15 のように String に使ったり、int に使ったりすることもできます[2]。**switch 文**を使うことで、if 文よりもわかりやすく条

---

[2]　Dart3 からは break 書かなくても大丈夫になりました。

件分岐を表現することができます。特に、1つの変数に対して3つ以上の条件分岐を行うときに適しています。

図5.15　switch文とは

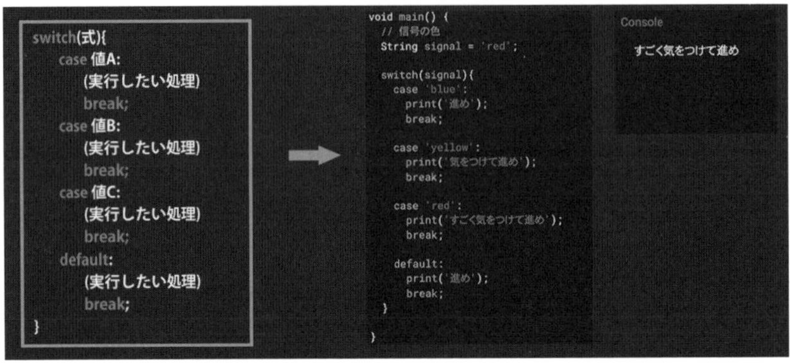

ジャンケンアプリに戻ります。

先ほど作った**text**という**get**変数を使うと、**enum**の変数を適切な**String**に変換することができます。

```
void chooseComputerText() {
  final random = Random();
  final randomNumber = random.nextInt(3);
  final hand = jankenList[randomNumber]; // enumになった
  setState(() {
    computerJankenText = hand.text; // Hand型をStringに変換
  });
}
```

また、**jankenList**はもう必要なくて、次のように書くことができます。

```
final hand = Hand.values[randomNumber];
```

enumにはデフォルトで**values**というプロパティが用意されていて、それを使うと**enum**の中身を配列として取り出すことができます。

つまり、先ほどまであった**List<Hand>**の**jankenList**とまったく同じものが取り出せます。

また、ほかの部分も次のようにリファクタリングできます。

 **Before**

```
myJankenText = '✊';
```

 **After**

```
myJankenText = Hand.rock.text;
```

コードは割愛しますが、チョキとパーについても同様に修正してみましょう。

5.8 勝ち負け引き分けを示すenumを作る

先ほどと同様にして、勝ち、負け、引き分けを示すenumを作ります[3]。

```
enum Result {
  win,
  lose,
  draw;

  String get text {
    switch (this) {
      case Result.win:
        return '勝ち';
      case Result.lose:
        return '負け';
      case Result.draw:
        return 'あいこ';
    }
  }
}
```

このあとこれを使って、勝ち負け判定の結果を変数として持たせたいと思います。

一旦、勝ちという文字列を表示するようにしてみましょう。

＊3　enum を作る場所はどこでもよいですが、迷ったらファイルの一番下で大丈夫です。

```
body: Center(
  child: Column(
    mainAxisAlignment: MainAxisAlignment.center,
    children: <Widget>[
              // 既存のコードは中略
              // ...
      Text(
        Result.win.text, // 勝ち
        style: TextStyle(fontSize: 30),
      ),
      SizedBox(
        height: 80,
      ),
      Text(
        myHand?.text ?? '?',
        style: TextStyle(fontSize: 200),
      ),
    ],
  ),
),
```

これで一旦、真ん中に勝ちと表示させておきます。

あとでここの部分をResultの変数を使って、本当の勝敗結果が反映されるようにしていきます。

図5.16 「勝ち」と表示

5.9 勝ち負け判定

　最後に勝ち負けを判定する関数を作って、result変数に格納、それをTextウィジェットに表示させたら完成です。

　まず、自分の出した手と、相手の出した手をStringではなくHand型で比較したいので、次のように書き換えます。

Before

```
String myJankenText = '✊';
String computerJankenText = '✌';
```

After

```
Hand? myHand;
Hand? computerHand;
```

　Handはデフォルトでは入ってないので、null許容にするために？をつけています。

🐛 コラム：Null Safety について

　「?」をつける意味がわからなかった方は、4.8「「!」や「?」って何？」のDartの基本における、null safetyを復習しておきましょう。

　ボタンを押したときのコードも、次のようにリファクタリングしていきます[4]。

Before

```
myJankenText = Hand.rock.text;
```

After

```
myHand = Hand.rock;
```

　computerHandに関する部分も同様にしてリファクタリングします[5]。

＊4　変更するコードがどこかわからない場合は、[command] + [F] (macOS、Android Studio) コマンドで検索するとよいです。
＊5　リファクタリング途中でエラーになっている箇所もあるかもしれませんが、一通り修正してから直していきましょう。

```
void chooseComputerText() {
  final random = Random();
  final randomNumber = random.nextInt(3);
  final hand = jankenList[randomNumber];
  setState(() {
    computerHand = hand; // ここを変えました
  });
}
```

そして、先ほど作った Result の型を使った勝敗を格納する変数を、computerHand 変数の下あたりに作っておきます。

```
Result? result;
```

その後、Result.win.text, を次のように直します。result が null だったら ? を表示するというコードです。これにより、ビルド直後は「?」が表示されるようになるはずです。

```
Text(
    result?.text ?? '?',
    style: TextStyle(fontSize: 30),
),
```

🐛 コラム：「??」という書き方

```
Text(
  result?.text ?? '?',
),
```

これは、?? より左が null だったら右の値を入れるという書き方です。result 変数を null 許容にしているため、何も勝敗が出てないときは、null になる想定です。そのときに ? が Text に表示されるような書き方になります。

null 許容変数を使うときは多用するので覚えておきましょう。

ここまできたら、最後に勝敗判定の関数を作っていきましょう（chooseComputerText の下あたりに作るとよいでしょう）。

```
void decideResult() {
```

```
     // ここでmyHandとcomputerHandを比較し、result変数に結果を格納setState
}
```

computerTextが選択されたら、そのあとに勝敗判定の関数を呼び出すようにします。

```
  void chooseComputerText() {
    final random = Random();
    final randomNumber = random.nextInt(3);
    final hand = Hand.values[randomNumber];
    setState(() {
      computerHand = hand;
    });
+   decideResult();
  }
```

decideResult関数の中身は次のとおりです。少し自分で考えてから見てみましょう。

```
void decideResult() {
    if (myHand == null || computerHand == null) {
      return;
    }
    final Result result;

    if (myHand == computerHand) {
      result = Result.draw;
    } else if (myHand == Hand.rock && computerHand == Hand.
scissors) {
      result = Result.win;
    } else if (myHand == Hand.scissors && computerHand == Hand.
paper) {
      result = Result.win;
    } else if (myHand == Hand.paper && computerHand == Hand.rock) {
      result = Result.win;
    } else {
      result = Result.lose;
    }
    setState(() {
      this.result = result;
```

```
  });
 }
```

以上で、本章は終了です！図5.17〜20のようにジャンケンが動いてれば完成です！

図5.17　デフォルト　　**図5.18　あいこ**　　**図5.19　負け**　　**図5.20　勝ち**

5.10 コードの全体像

お手本のコードを置いておきます。ここまでで学んだことでできるはずなので、できるだけ自分で考えたうえで、どうしてもわからない部分はお手本のコードを見て確認してみましょう。

```dart
import 'dart:math';
import 'package:flutter/material.dart';

void main() {
  runApp(const MyApp());
}

class MyApp extends StatelessWidget {
  const MyApp({super.key});
```

```
    // This widget is the root of your application.
    @override
    Widget build(BuildContext context) {
      return MaterialApp(
        title: 'Flutter Demo',
        theme: ThemeData(
          colorScheme: ColorScheme.fromSeed(seedColor: Colors.
deepPurple),
          useMaterial3: true,
        ),
        home: const MyHomePage(title: 'Flutter Demo Home Page'),
      );
    }
}

class MyHomePage extends StatefulWidget {
  const MyHomePage({super.key, required this.title});

  final String title;

  @override
  State<MyHomePage> createState() => _MyHomePageState();
}

class _MyHomePageState extends State<MyHomePage> {
  Hand? myHand;
  Hand? computerHand;
  Result? result;

  void chooseComputerText() {
    final random = Random();
    final randomNumber = random.nextInt(3);
    final hand = Hand.values[randomNumber];
    setState(() {
      computerHand = hand;
    });
    decideResult();
  }
```

5

```dart
  void decideResult() {
    if (myHand == null || computerHand == null) {
      return;
    }
    final Result result;

    if (myHand == computerHand) {
      result = Result.draw;
    } else if (myHand == Hand.rock && computerHand == Hand.
scissors) {
      result = Result.win;
    } else if (myHand == Hand.scissors && computerHand == Hand.
paper) {
      result = Result.win;
    } else if (myHand == Hand.paper && computerHand == Hand.rock) {
      result = Result.win;
    } else {
      result = Result.lose;
    }
    setState(() {
      this.result = result;
    });
  }

  @override
  Widget build(BuildContext context) {
    return Scaffold(
      appBar: AppBar(
        backgroundColor: Theme.of(context).colorScheme.
inversePrimary,
        title: Text(widget.title),
      ),
      body: Center(
        child: Column(
          mainAxisAlignment: MainAxisAlignment.center,
          children: <Widget>[
            const Text(
```

```
            '相手',
            style: TextStyle(fontSize: 30),
          ),
          Text(
            computerHand?.text ?? '?',
            style: const TextStyle(fontSize: 100),
          ),
          const SizedBox(
            height: 80,
          ),
          Text(
            result?.text ?? '?',
            style: const TextStyle(fontSize: 30),
          ),
          const SizedBox(
            height: 80,
          ),
          Text(
            myHand?.text ?? '?',
            style: const TextStyle(fontSize: 200),
          ),
        ],
      ),
    ),
    floatingActionButton: Row(
      mainAxisAlignment: MainAxisAlignment.end,
      children: [
        FloatingActionButton(
          onPressed: () {
            setState(() {
              myHand = Hand.rock;
            });
            chooseComputerText();
          },
          child: const Text(
            '✊',
            style: TextStyle(fontSize: 30),
          ),
```

```
      ),
      const SizedBox(
        width: 16,
      ),
      FloatingActionButton(
        onPressed: () {
          setState(() {
            myHand = Hand.scissors;
          });
          chooseComputerText();
        },
        child: const Text(
          '✌️',
          style: TextStyle(fontSize: 30),
        ),
      ),
      const SizedBox(
        width: 16,
      ),
      FloatingActionButton(
        onPressed: () {
          setState(() {
            myHand = Hand.paper;
          });
          chooseComputerText();
        },
        tooltip: 'Increment',
        child: const Text(
          '✋',
          style: TextStyle(fontSize: 30),
        ),
      ),
      const SizedBox(
        width: 16,
      ),
      FloatingActionButton(
        onPressed: () {
          setState(() {
```

```
            myHand = Hand.paper;
          });
          chooseComputerText();
        },
        child: const Text(
          '🤚',
          style: TextStyle(fontSize: 30),
        ),
      ),
    ],
  ),
 );
}
}

enum Hand {
  rock,
  scissors,
  paper;

  String get text {
    switch (this) {
      case Hand.rock:
        return '✊';
      case Hand.scissors:
        return '✌';
      case Hand.paper:
        return '🖐';
    }
  }
}

enum Result {
  win,
  lose,
  draw;

  String get text {
```

```
    switch (this) {
      case Result.win:
        return '勝ち';
      case Result.lose:
        return '負け';
      case Result.draw:
        return 'あいこ';
    }
  }
}
```

　以上で、本書の学習は終わりです。最終的にはジャンケンアプリをとおして、FlutterのUI構築の基本と、Dartの基本を実践的に扱うことができたのではないでしょうか？

　さらに学習したくなった方は、YouTubeチャンネル「Flutter大学」にて、Firebaseのデータベースを使ったアプリ、はやりのChatGPTのAPIを使ったアプリなど、通信をともなったより実践的なFlutterアプリ開発を学んでみてください！

　これからも一緒にがんばってレベルアップし、世の中に対してよいアプリを作っていきましょう！

終わりに

本書を出版する機会を得ることができたのは、「Flutter大学」というコミュニティのおかげです。

執筆は「Flutter大学」で毎朝行われている「朝のもくもく会」で基本的に行いました。その中でも、ほぼ毎日一緒にもくもく作業してくれた、どんぐりさん、gieiさんには励まされました。

一通り執筆が終わったあとは、先の「朝もく」メンバーである、どんぐりさん、gieiさんを始め、「Flutter大学」のエースエンジニアの1人である、すささんにもレビューを行っていただきました。さまざまな方のフィードバックのおかげで本書のブラッシュアップにつながったと思います。

そして、「Flutter大学」というサービスがあるからこそ、このコミュニティの素晴らしさをもっと多くの人に届けたい、という気持ちが芽生え、私自身も高いモチベーションで毎日執筆を続けることができました。

このような機会を与えてくれたすべてに感謝します。ありがとう！

本書をきっかけに、より多くの人がFlutterを使ってアプリ開発をすることの楽しさや、意外に簡単なことに気づいていただければ嬉しいです！

kboy（藤川慶）

INDEX

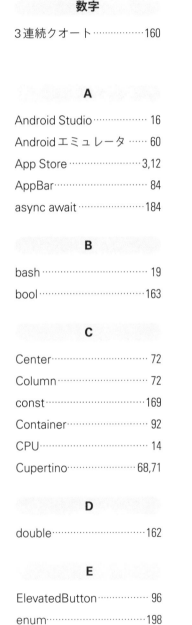

著者プロフィール
藤川 慶（ふじかわ けい）
プロトコーポレーションでフリマアプリの開発ディレクターを経験。その後、JX通信社で
「NewsDigest」、GraffityにてARアプリ「ペチャバト」の開発を経験。1年半のフリーランス期間を経て、
2020年6月に現在の株式会社KBOYを創業。フリーランス時代から続けてきたYouTubeで登録者
2万人を達成し、学習コミュニティ「Flutter大学」のサービスをスタート。メンバーは現在290人以上、
Flutter大学から生まれたアプリは100を超える。

装丁　菊池 祐（ライラック）
本文デザイン・DTP　クニメディア株式会社
担当　中山 みづき

ゼロから学ぶ Flutter アプリ開発
2024年1月5日　　初版　第1刷　発行

著　者　　藤川 慶（ふじかわ けい）
発行者　　片岡 巌
発行所　　株式会社技術評論社
　　　　　東京都新宿区市谷左内町 21-13
　　　　　電話　03-3513-6150 販売促進部
　　　　　　　　03-3513-6177 第5編集部
印刷／製本　図書印刷株式会社

定価はカバーに表示してあります。

ISBN 978-4-297-13947-6　C3055
Printed in Japan

■お問い合わせについて
●本書についての電話によるお問い合わせはご遠慮ください。質問等がございましたら、下記までFAXまたは封書でお送りくださいますようお願いいたします。

■問い合わせ先
〒162-0846
東京都新宿区市谷左内町 21-13
株式会社技術評論社第5編集部
FAX：03-3513-6173
「ゼロから学ぶFlutterアプリ開発」係

FAX番号は変更されていることもありますので、ご確認の上ご利用ください。
なお、本書の範囲を超える事柄についてのお問い合わせには一切応じられませんので、あらかじめご了承ください。